专项职业能力考核培训教材

平乐十八酿制作

桂林市人力资源和社会保障局
桂林市人力资源社会保障学会 组织编写

中国劳动社会保障出版社

图书在版编目（CIP）数据

平乐十八酿制作/桂林市人力资源和社会保障局，桂林市人力资源社会保障学会组织编写. -- 北京：中国劳动社会保障出版社，2024. --（专项职业能力考核培训教材）. -- ISBN 978-7-5167-6373-5

I. TS972.182.673

中国国家版本馆 CIP 数据核字第 2024QY5765 号

中国劳动社会保障出版社出版发行

（北京市惠新东街 1 号　邮政编码：100029）

*

北京市白帆印务有限公司印刷装订　　新华书店经销

787 毫米 ×1092 毫米　16 开本　9.25 印张　168 千字
2024 年 7 月第 1 版　　2024 年 7 月第 1 次印刷

定价：37.00 元

营销中心电话：400-606-6496

出版社网址：http://www.class.com.cn

版权专有　　侵权必究

如有印装差错，请与本社联系调换：（010）81211666

我社将与版权执法机关配合，大力打击盗印、销售和使用盗版图书活动，敬请广大读者协助举报，经查实将给予举报者奖励。

举报电话：（010）64954652

编审委员会

主　任　唐德华

副主任　朱桂平　欧阳凯

委　员（按姓氏笔画排序）

　　　　冯　卫　阳明义　吴政鸿　何艳军　陈　伟

　　　　徐　勇　龚应国　梁冠强　蒋雄飞　谭兴勇

编审人员

主　编　谭兴勇　滕永军

副主编　崔莹莹　董炳君　苏　敏　李河山

编　者　戴干文　莫贵评　黎金花　李鸿光　龙　杰

　　　　李杏兰　阳明义

审　稿　陈　强

前 言

职业技能培训是全面提升劳动者就业创业能力、促进充分就业、提高就业质量的根本举措，是适应经济发展新常态、培育经济发展新动能、推进供给侧结构性改革的内在要求，对推动大众创业万众创新、推进制造强国建设、推动经济高质量发展具有重要意义。

为了加强职业技能培训，《国务院关于推行终身职业技能培训制度的意见》（国发〔2018〕11号）、《人力资源社会保障部 教育部 发展改革委 财政部关于印发"十四五"职业技能培训规划的通知》（人社部发〔2021〕102号）提出，要完善多元化评价方式，促进评价结果有机衔接，健全以职业资格评价、职业技能等级认定和专项职业能力考核等为主要内容的技能人才评价制度；要鼓励地方紧密结合乡村振兴、特色产业和非物质文化遗产传承项目等，组织开发专项职业能力考核项目。

专项职业能力是可就业的最小技能单元，劳动者经过培训掌握了专项职业能力后，意味着可以胜任相应岗位的工作。专项职业能力考核是对劳动者是否掌握专项职业能力所做出的客观评价，通过考核的人员可获得专项职业能力证书。

为配合专项职业能力考核工作，在人力资源社会保障部教材办公室指导下，桂林市人力资源和社会保障局、桂林市人力资源社会保障学会组织有关方面的专家编写了专项职业能力考核培训教材。教材严格按照专项职业能力考核规范编写，内容充分反映了专项职业能力考核规范中的核心知识点与技能点，较好地体现了科学性、适用性、先进性与前瞻性。相关行业和考核培训方面的专家参与了教材的编审工作，保证了教材内容与考核规范、题库的紧密衔接。

专项职业能力考核培训教材突出了适应职业技能培训的特色，不但有助于读者通过考核，而且有助于读者真正掌握相关知识与技能。

本教材在编写过程中得到了肖芳武、程世锋、黄夏兰、廖素芳、黄金华、黄良平、黄爱华等同志的大力支持与协助，在此表示衷心感谢。

教材编写是一项探索性工作，由于时间紧迫，不足之处在所难免，欢迎各使用单位及读者对教材提出宝贵意见和建议，以便教材修订时补充更正。

目 录

培训任务 1　基础理论
学习单元 1　平乐十八酿概述 …………………………………… 2
学习单元 2　职业要求 …………………………………………… 6
学习单元 3　专业基础知识 ……………………………………… 12

培训任务 2　原料加工
学习单元 1　酿菜原料介绍 ……………………………………… 26
学习单元 2　酿菜原料加工 ……………………………………… 38

培训任务 3　馅料制作
学习单元 1　馅料调味 …………………………………………… 50
学习单元 2　馅料制作技术 ……………………………………… 57

培训任务 4　酿制技法

培训任务 5　烹调方法
学习单元 1　烹调基础知识 ……………………………………… 72

	学习单元 2　油烹法 ·· 74

	学习单元 3　水烹法 ·· 78

	学习单元 4　气烹法和其他特殊烹调方法 ······································ 82

	学习单元 5　酿菜装盘与装饰 ··· 85

培训任务 6　平乐十八酿经典菜品制作

培训任务 7　平乐十八酿的传承与创新创业

	学习单元 1　非遗代表性项目平乐十八酿的传承与发展 ················· 118

	学习单元 2　平乐十八酿的创新 ·· 122

	学习单元 3　平乐十八酿餐饮企业的创业 ···································· 127

附录 1　平乐十八酿制作专项职业能力考核规范 ································ 134

附录 2　平乐十八酿制作专项职业能力培训课程规范 ························· 136

培训任务 1

基础理论

学习单元 1

平乐十八酿概述

一、平乐十八酿简介

平乐十八酿是指使用桂林市平乐县特色食材和其他植物性、动物性食材，采用包酿、捆酿、盖酿、填酿、夹酿、塞酿等特色技法制作生坯，经蒸、煮、煎、烧、灼等方式烹制而成的具有平乐特色风味的酿菜的总称。酿菜的外包裹层称谓不一，有些学者称其为外衣，有些称其为酿皮，有些称其为酿壳。桂林市地方标准《平乐十八酿烹饪技术规范》（DB4503/T 0027—2021）中称其为酿皮。因此，为了统一称谓，本书将其称为酿皮。

平乐位于漓江、荔浦河、恭城河交汇处，古为州府之地，建县已有1 700多年历史。平乐是水路发达的商业港口，1965年全县仍有4 000多名船务工作人员。酿菜因馅料便于提前制作和保存、食用前烹制工艺简单、口味多样，非常适合船上工作人员烹制与食用，一直以来都是平乐船上人家的主要菜肴。如今，平乐十八酿早已融入平乐人的日常生活中。在平乐，家家户户的餐桌上常年都有各种酿菜。据1995年出版的《平乐县志》记载，年节及招待客人，城镇居民爱用扣肉（夹酿）、豆腐酿、菜包酿、水豆腐酿、蛋酿、茄子酿、青椒酿等。而平乐人家的孩子，自入厨学艺起，第一课就是学做酿菜：学习如何选择做酿菜的材料，如何配制馅料，如何酿制，如何烹制酿菜。平乐十八酿不单单是一种美食，更传承着平乐饮食文化。

"平乐十八酿饮食习俗"是自治区级非物质文化遗产。2021年，平乐十八酿荣获

"广西有味·百县千菜"广西非遗特色美食大赛特色菜肴类银奖。平乐十八酿独特的制作技艺被中央电视台《舌尖上的中国（第三季）》《农广天地》《探索发现——家乡至味》，美食纪录电影《舌尖上的新年》，桂林电视台《板路》等栏目，以及《广西日报》《桂林晚报》等广泛宣传报道，引起了社会各界的关注。近年来，在平乐县政府等各方大力推动下，平乐十八酿产业得到了快速的发展。

目前，平乐县政府正在着手为平乐十八酿申报地理标志证明商标，如能申报成功将快速提高平乐十八酿的品牌知名度。

二、平乐十八酿的特点

平乐素有"无菜不酿"的说法，说的是酿菜远不止18种，平乐十八酿的"十八"只是泛指其品种多，因此"多"是平乐十八酿的第一大特点。其第二大特点是"精"，是指酿菜制作精细，每一种酿菜成品都非常考究。其第三大特点是"专"，平乐十八酿酿皮的种类多、馅料的种类也多，但是搭配巧妙，有固定的搭配方式，此外烹调方法也具有专门性，是根据原料的特色进行选用的。

1. 多

由于原料种类多、酿制技法多、烹调方法多，酿菜有众多品种。

（1）原料种类多。酿菜原料种类繁多。酿皮不仅可使用辣椒、茄子、春菜、香菇、萝卜、竹笋等植物性原料制作，也可使用猪五花肉、猪肥膘肉、鱼肉等动物性原料制作。可用作馅料的原料也是如此，猪肉、牛肉、鱼肉、虾肉、绿豆、韭菜等荤素原料都可供选择。

（2）酿制技法多。酿菜的酿制技法有包酿、捆酿、盖酿、填酿、夹酿、塞酿等，一种酿制技法又可以用不同的食材酿制出多种酿菜。

（3）烹调方法多。酿菜的制作主要采用炸、烹、焖、煎、蒸等烹调方法，根据原料的性质和制作需求，灵活运用不同的烹调方法，可使成品达到鲜、酥、糯等不同效果。烹调方法还应根据时令、环境、食用者的变化而调整，因人、因事、因物而异。

2. 精

（1）选料精。酿菜精选当地特色食材，如春菜酿选用当地特色蔬菜春菜，田螺酿选用当地特色技法发酵的酸笋，泡椒酿选用当地的泡椒，鱼酿选用当地的黄金鲤鱼等。

（2）技艺精。酿菜制作的原料切割、馅料制作、烹调等流程都需要精湛的技艺。

鱼酿是典型代表——先要将黄金鲤鱼整鱼出肉去骨，保留完整的鱼皮，酿制完成后呈现一条整鱼的形状。由于技艺精湛，平乐鱼酿制作技艺成为桂林市级非物质文化遗产。

（3）精于养生。顺时养生是中华传统养生文化，酿菜的食用也讲究时令，不同的季节食用不同的酿菜。按照时令，酿菜可分为春三宝、夏三宝、秋三宝、冬三宝。大部分的酿菜注重荤素搭配，营养均衡。因此，酿菜从制作到食用都体现了养生的理念。

3. 专

（1）馅料与酿皮的搭配具有专门性。例如，糯米馅适用于春菜酿、泡椒酿、苦瓜酿等，半肥瘦猪肉馅适用于茄子酿、萝卜酿、青椒酿等，芋头馅适用于同安扣肉酿，水豆腐肉馅适用于南瓜花酿，全鱼馅适用于柚皮酿，马蹄肉馅适用于蛋酿等。

（2）烹调方法的选用具有专门性。要针对酿菜的特点选用专门的烹调方法。春菜酿适合使用灼的烹调方法，萝卜酿、南瓜花酿适合使用煮的烹调方法，青椒酿、茄子酿适合使用烧的烹调方法。

三、平乐十八酿的种类

平乐十八酿的种类繁多，根据不同的分类标准对其进行分类可以更全面地认识其品种。

1. 按照食用季节分类

酿菜按照食用季节分类，春季有竹笋酿、春菜酿，夏季有南瓜花酿、茭白酿、番茄酿、茄子酿、泡椒酿、豆角酿、苦瓜酿，秋季有冬瓜酿、节瓜酿、葫芦瓜酿、丝瓜酿、百香果酿，冬季有萝卜酿、慈姑酿、马蹄酿、莲藕酿、芋头酿、蘑菇酿、香蒜酿、柚皮酿、猪婆菜酿。

2. 按照酿皮分类

按照酿皮原料的荤素分类，酿菜可分为荤菜酿皮酿菜和素菜酿皮酿菜。其中，荤菜酿皮酿菜主要有鱼酿、虾酿、同安扣肉酿、猪网油酿、猪肝酿、猪血酿、猪小肠酿、猪肚酿、玻璃扣酿等，素菜酿皮酿菜有油豆腐酿、水豆腐酿、豆腐干酿、油条酿、木耳酿、香菇酿、腐竹酿、萝卜酿、豆芽酿、竹笋酿等。

练习题

1. 什么是平乐十八酿?
2. 平乐十八酿具体有哪些种类?
3. 春、夏、秋、冬各有哪几种酿菜?
4. 荤菜酿皮酿菜和素菜酿皮酿菜分别有哪些品种?

学习单元 2

职业要求

一、职业道德要求

职业道德是人们在履行本职工作过程中所应遵循的行为规范和行为准则的总和。它具有范围上的局限性、内容上的稳定性和连续性、形式上的多样性。职业道德覆盖面广，与社会生活息息相关。良好的职业道德可以创造良好的经济效益，保障个人的合法利益及行业的生存与发展。只有加强餐饮行业从业人员的职业道德建设，才能促进餐饮行业的发展。

餐饮行业作为劳动密集型行业，其职业道德有其特殊性。平乐十八酿制作人员须严格遵守餐饮行业从业人员的职业道德和行为规范，做到忠于职守、爱岗敬业，讲究安全、注重信誉，遵纪守法、讲究卫生，尊师爱徒、团结协助，积极进取、开拓创新。

二、仪容仪表规范

仪容仪表规范是指对平乐十八酿制作人员操作时个人卫生和着装的要求。平乐十八酿制作人员个人卫生与着装应符合国家市场监督管理总局发布的《餐饮服务食品安全操作规范》要求。

1. 个人卫生

从事餐饮服务工作的人员必须讲究个人卫生，否则会影响食品卫生，具体应做到以下方面。

（1）定期进行健康体检。根据《中华人民共和国食品安全法》规定，从事接触直接入口食品工作的食品生产经营人员应当每年进行健康检查，取得健康证明后方可上岗工作。

（2）养成良好的个人卫生习惯。平乐十八酿制作人员应做到"五勤"，即勤换衣服勤洗澡，勤剪指甲勤理发，工前便后勤洗手。平乐十八酿制作人员留指甲规范如图1-1所示。平乐十八酿制作人员工作时应不涂指甲油，戴好口罩，不得在操作间抽烟，不得对着食品咳嗽、打喷嚏等。

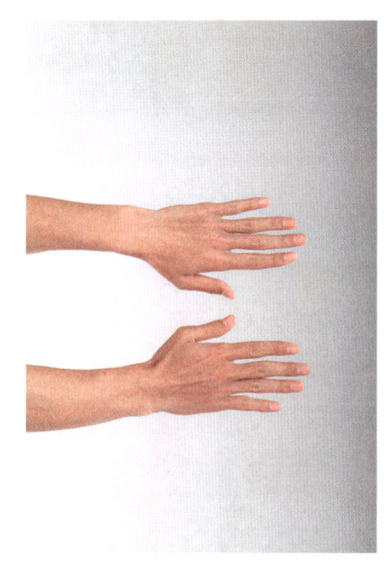

图1-1 平乐十八酿制作人员留指甲规范

2. 着装

平乐十八酿制作人员在操作时应规范着装，按要求穿戴好工作帽、汗巾、工作服、围裙、劳保鞋等，不佩戴饰物。平乐十八酿制作人员着装规范如图1-2、图1-3所示。服装应整洁、无破损。

三、现场操作规范

现场操作规范是指对平乐十八酿制作人员工作过程中的操作行为的相关要求，按照工作流程可分为备餐工作规范、制作过程工作规范、收餐工作规范等，按照工作内容可分为清洁卫生规范、物品整理规范、菜点制作规范、食品安全规范等。

男　　　　　　　　　　　女

图 1-2　平乐十八酿制作人员着装规范（侧面）

男　　　　　　　　　　　女

图 1-3　平乐十八酿制作人员着装规范（正面）

1. 清洁卫生规范

清洁卫生规范是指平乐十八酿制作人员在进行打扫厨房、清洗设备和用具等清洁卫生工作时应遵循的流程和规范。清洁卫生规范的内容主要包括厨房环境清洁卫生规范、厨房设备清洁卫生规范、厨房用具清洁卫生规范及个人清洁卫生规范等。例如，《餐饮服务食品安全操作规范》附录 H "推荐的餐饮服务场所、设施、设备及工具清洁方法"中,"工作台及洗涤盆"的清洁频率为"每次使用后";清洁使用的物品为"抹布、刷子、洗涤剂、消毒剂";清洁方法为"清除食物残渣及污物,用湿抹布擦抹或用水冲刷,用洗涤剂清洗,用湿抹布抹净或用水冲洗干净,用消毒剂消毒,用水冲洗干净,风干"。

2. 物品整理规范

物品整理规范是指平乐十八酿制作所需原料、餐具、工具等摆放、使用的标准。物品整理规范示意如图1-4所示。

仓库原料摆放规范示意

水杯摆放规范示意

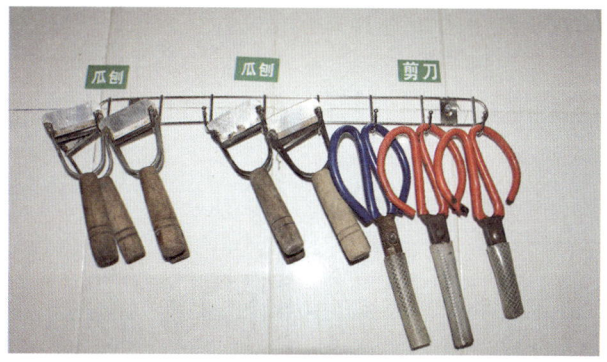
工具摆放规范示意

图1-4 物品整理规范示意

3. 菜点制作规范

菜点制作规范是指在菜点生产过程中,平乐十八酿制作人员洗涤、切割、烹调等过程中应遵循的行为规范。菜点制作规范示意如图1-5所示。

小配料放置规范示意

烹调时用具放置规范示意

图 1-5　菜点制作规范示意

4. 食品安全规范

食品安全规范是指为确保食品安全，平乐十八酿制作人员应遵守的行为标准，包括垃圾桶的使用规范、六步洗手法、用具的色彩分类规范等。脚开式垃圾桶使用规范如图 1-6 所示。六步洗手法如图 1-7 所示。

图 1-6　脚开式垃圾桶使用规范

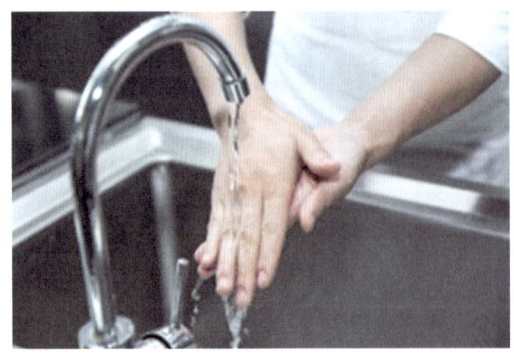
双手手心相互搓洗，双手合十搓 5 下

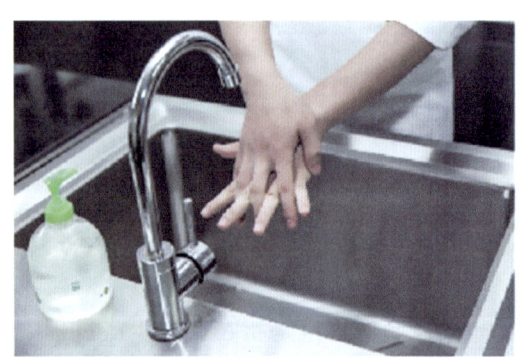
双手交叉搓洗手指缝，手心对手背，双手交叉相叠，左右手交换各搓洗 5 下

手心对手心搓洗手指缝，手心相对，
十指交错，搓洗 5 下

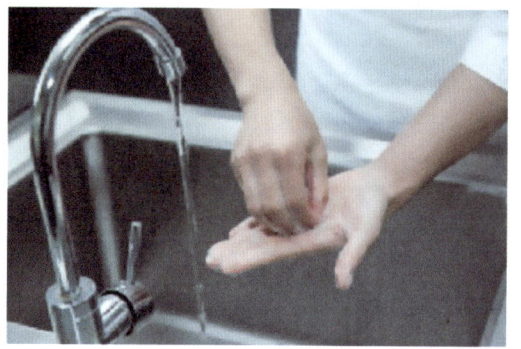

弯曲各手指关节，在另一手掌心旋转搓洗，
双手交替进行

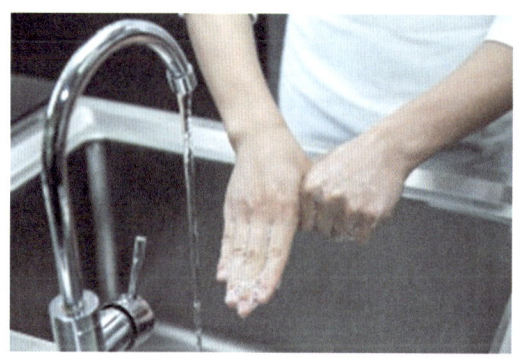

一只手握住另一只手的拇指搓洗，双手交替进行

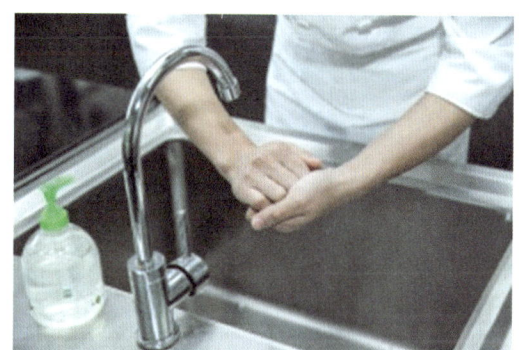

双手轻合成空拳，转动搓洗手背及手腕

图 1-7　六步洗手法

练习题

1. 什么是职业道德？
2. 平乐十八酿制作人员的仪容仪表规范包括哪些内容？
3. 平乐十八酿制作人员的职业道德要求有哪些？
4. 平乐十八酿制作的现场操作规范有哪些？

学习单元 3

专业基础知识

烹饪的专业基础知识涵盖内容较多，根据酿菜的特点，本教材主要介绍餐饮卫生知识、餐饮安全知识、食品营养知识、原料成本核算知识和厨房设备与工具的维护保养知识5个方面内容。

一、餐饮卫生知识

餐饮卫生知识是指餐饮从业人员在工作中所应遵循的相关卫生要求。餐饮卫生知识包含食品卫生知识、餐具卫生知识与厨房环境卫生知识。

1. 食品卫生知识

食品卫生知识主要涉及原料卫生知识和个人卫生知识，因个人卫生要求在前文中已讲述，这里主要介绍原料卫生知识。烹饪原料大多为动植物组织，影响其卫生质量的因素很多，为保障食用者的身体健康，各类烹饪原料应符合相应的卫生要求。首先，烹饪原料应具有固有的营养成分；其次，烹饪原料应无毒无害，不对人体健康产生任何不利影响；最后，其感官性状（色、香、味、形等）不应给人以任何不愉快的感觉。

（1）植物性原料的卫生知识。植物性原料出现卫生问题的原因主要包括微生物污染、有毒物质污染、仓储害虫污染等。

1）粮豆类原料的卫生知识。优质的粮豆应颗粒完整，色泽纯正，表面光滑，大小均匀，无霉变，无异味，无虫蛀，无杂质，无污染，无腐败，水分含量低于14%。储存粮豆类原料时应控制好仓库内的温度和湿度，注意防潮、防鼠、防虫，不得将粮豆类原料与有毒、有害物质共同存放，严格落实出入库的验收、登记制度，坚持先进先出的原则，做好仓库的清洁和消毒工作。

2）蔬菜、水果的卫生知识。蔬菜、水果的卫生问题主要包括腐败变质、肠道致病菌和寄生虫卵的污染、农药的污染等。优质蔬菜应鲜嫩，无黄叶，无伤痕，无病虫害，无烂斑，无污染，无腐败；优质水果应表皮色泽光亮，肉质鲜嫩，有固有的清香。

蔬菜、水果的储存条件对其保鲜有很大的影响。如果储存温度过高，蔬菜、水果的呼吸作用旺盛，散热多，易产生大量的二氧化碳和水，会导致蔬菜、水果脱水，还会使微生物繁殖加快，导致蔬菜、水果腐烂变质。不同品种蔬菜、水果的储存温度、湿度有所不同。一般蔬菜的储存温度为0~5 ℃，湿度为85%~95%；水果的储存温度为0~5 ℃，湿度为85%~95%。

（2）动物性原料的卫生知识。动物性原料富含蛋白质，营养丰富，但如果卫生质量不佳则容易引起细菌性食物中毒。此外，人畜共患传染病对人的危害较大，因此在选购及加工过程中尤其需要注意防护。酿菜制作主要涉及的动物性原料有畜肉类原料、水产类原料等。

1）畜肉类原料的卫生知识。屠宰后的牲畜肉品一般会经过尸僵、成熟、自溶和腐败4个阶段。成熟阶段为畜肉的最佳食用期，此阶段的畜肉肉质新鲜，肌肉组织比较柔软、富有弹性，煮沸后具有香气，味鲜，并易于煮烂。此阶段的畜肉如不及时烹制，又未以适宜的储存条件储存，极易受到外界微生物侵染而变质。畜肉从自溶阶段开始失去食用价值。

冻肉色泽、香味都不如鲜肉，但保存期长。冷冻可抑制或延缓大多数微生物的生长，但不能完全杀菌。冻肉解冻一般在室温下进行，用温水浸泡解冻会造成营养素流失。冻肉解冻后应立即加工、食用。

2）水产类原料的卫生知识。酿菜制作使用的水产类原料以鱼类为主，还包括虾类、蟹类等。水产类原料富含不饱和脂肪酸，体内酶活性强，含水量高，易滋生细菌，极易腐败变质。日常生活中，为抑制酶的作用和微生物生长繁殖，延缓其腐败变质，水产类原料通常采用低温储存或盐腌储存。

2. 餐具卫生知识

餐具卫生主要涉及餐具的清洗、消毒和存放。餐具的管理应实行"一洗、二刷、三冲、四消毒"的"四过关"制。

（1）餐具的清洗。餐具的清洗包含洗、刷、冲3个环节。首先去除餐具上的残留物，将餐具放入洗涤池或洗涤装置中，用洗涤剂将其洗净；然后用刷子或其他清洁用具把餐具刷洗干净；最后用清水冲洗餐具，至少冲洗3次。这3个环节要分开进行，要求"三池分开"。

（2）餐具的消毒。为了杀灭餐具上可能存在的致病细菌、病毒等有害物质，对洗净后的餐具还需要消毒。常见的消毒方法有加热消毒法、紫外线消毒法和化学药物消毒法。加热消毒法简便可靠，因此餐饮行业普遍采用这一方法。加热消毒法根据加热的方式可分为煮沸消毒法、蒸汽消毒法和远红外线消毒法。

1）煮沸消毒法。煮沸消毒法是将洗净后的餐具放在开水中煮沸10 min以上，沥干水后放入碗柜内保存的一种消毒方法，这种方法效果好，简便易行，适宜中小型餐馆和食堂采用。

2）蒸汽消毒法。蒸汽消毒法是将餐具放置在密闭的消毒柜或消毒车中，利用高温蒸汽消毒的一种方法。这种方法效果好，杀菌力强，单次可消毒的餐具多，简便实用。使用这一方法应确保消毒温度不低于100 ℃，时间在10 min以上，目前餐饮企业多采用这一方法。

3）远红外线消毒法。远红外线消毒法是利用远红外线的热效应，以及远红外线升温快的特点，用远红外线对餐具多面照射进行消毒的一种方法。消毒温度控制在120 ℃，消毒10 min以上就能达到消毒效果。

为降低厨房员工劳动强度，目前很多餐饮企业也采用餐具清洗消毒机对餐具进行清洗、消毒。这是一种快速、大批量清洗、消毒餐具的设备，采用自动化控制，方便快捷，能大大降低餐具破损率，是餐具清洗、消毒的理想工具。

对不耐热的餐具进行消毒，可采用紫外线消毒法或化学药物消毒法，所选择的消毒剂应对操作人员身体无害，能去净药剂残留且经过安全性毒理学评价试验。

3. 厨房环境卫生知识

厨房的环境卫生包括外环境卫生和内环境卫生。对外环境卫生的要求为远离有毒有害物质的污染。内环境卫生包括采光、通风、排烟、防尘、污水处理及有害生物防治等方面的工作。本教材主要讲解厨房内环境卫生要求。

（1）操作间卫生要求。厨房应按照烹调工艺流程合理布局各操作间，保持工艺流程的流畅性，特别是冷菜间（如刺身间）应单独隔开，做好防尘、防鼠、防蝇等工作，每日上下班前做好厨房卫生工作，保持地面洁净。

（2）储藏室卫生要求。储藏室应通风、干燥、防霉、无虫害，不同种类的原料应分类存放，如食品与非食品、成品与半成品、短期存放与较长时间存放的食品应分开存放。不能在储藏室内堆放药物及其他对人体有害的物品。

（3）冷藏（冻）设备卫生要求。冷藏（冻）设备应定期清理、除霜或除冰、消毒，避免滋生有害生物，食品冷藏前必须新鲜、无污染，保持冷藏（冻）设备内温度稳定，不要过于频繁开启冷藏（冻）设备，冷藏（冻）设备内严禁存放非食物，长期冷藏（冻）的原料应定期检查其质量情况。

二、餐饮安全知识

食品安全，指食品无毒、无害，符合应当有的营养要求，对人体健康不造成任何急性、亚急性或者慢性危害。

食品安全问题包含两个方面：一方面是食品本身的营养价值和质量方面的问题，如食品变质，食品达不到应有质量标准等；另一方面是食品在生产、运输、储存、销售过程中人为造成的安全问题，这类问题严重影响到人们的身体健康。

造成食品安全问题的原因很多，按照污染物的性质可以分为生物性污染、化学性污染和物理性污染。

1. 食品生物性污染与预防

食品生物性污染主要是指细菌及细菌毒素、霉菌及霉菌毒素、病毒、寄生虫等引起的污染。微生物、寄生虫等污染食品后，不仅会使食品的感官性状发生异常，降低、失去营养价值，还会对人体健康产生危害。

造成食品生物性污染的寄生虫主要有囊虫、蛔虫、蛲虫、肝吸虫、肺吸虫、旋毛虫等。

食品的腐败变质是食品在以微生物为主的各种因素作用下，营养成分和感官性状发生变化，从而降低或失去营养价值的过程。如畜禽肉、水产品、蛋类腐臭，粮食霉变，蔬菜、水果腐烂等都属于腐败变质现象。

由于微生物的作用是引起食品腐败变质的主要原因，因此预防食品的腐败变质应控制微生物对食品的污染，防止食品在加工、储存过程中被微生物污染。即要求加工、储存食品的环境保持清洁卫生，尽可能减少微生物污染食品的机会，对食品采取抑菌或灭菌措施，抑制酶的活性。

2. 食品化学性污染与预防

食品化学性污染主要指农用化学品、食品添加剂、食品容器、食品包装材料、工业"三废"等对食品造成的污染。

化学性污染对人体健康的危害比较大。预防食品化学性污染应该严格控制农用化学品的使用量，做好环境保护措施，从食品源头做好预防措施；选择符合食品生产要求的合格材料作为包装、涂层，制造食品生产加工机械时避免有毒金属等对食品的污染；严格控制食品添加剂的用量，选择健康的烹调方法，避免亚硝基化合物和多环芳烃化合物对食品的污染。

3. 食品物理性污染与预防

食品的物理性污染物来源复杂，种类繁多，污染物可改变食品的感官性状和营养价值，从而影响食品的质量。根据污染物的性质，食品物理性污染可分为食品的杂物污染和食品的放射性污染两类。

食品生产、储存、运输、销售过程中管理上的疏忽会使食品受到杂物的污染。因此应加强对食品生产、储存、运输、销售过程的监督管理，落实生产规范的执行，采用先进的工艺设备和检测设备以防止各种污染物进入食品，严厉打击各种掺假行为。

为预防食品放射性污染对人体的危害，应加强对污染源的经常性卫生监察，定期进行食品卫生检测，确保食品中放射性物质浓度符合国家标准。

三、食品营养知识

人体各种生理活动和工作、学习、运动所需要的能量主要来源于食物，因此，人体每天必须摄入一定数量的食物，以满足机体对营养的需求。

人体必需的营养素主要有蛋白质、脂类、碳水化合物、维生素、无机盐和水，通常称为六大营养素。各种营养素在人体内发挥着不同作用，互相联系、互相配合，不可或缺。

1. 蛋白质

蛋白质是生命存在的形式，也是生命的重要物质基础。氨基酸是组成蛋白质的基本单位，人体对蛋白质的需要实际上是对氨基酸的需要。氨基酸是一种非常特殊的化合物，根据其营养学作用可以分为必需氨基酸和非必需氨基酸两类。

必需氨基酸是指人体不能自行合成或合成速度远不能满足机体需要，而必须从每日膳食中摄取的氨基酸。成年人所需的必需氨基酸有 8 种，分别为苏氨酸、色氨酸、甲硫氨酸、赖氨酸、亮氨酸、异亮氨酸、苯丙氨酸和缬氨酸。

非必需氨基酸并非机体不需要，而是这部分氨基酸人体自身可以合成，或者可以由其他氨基酸转变而成。非必需氨基酸包括甘氨酸、丙氨酸、谷氨酸、组氨酸、酪氨酸、胱氨酸、丝氨酸、半胱氨酸、脯氨酸、羟脯氨酸、天门冬氨酸、精氨酸等。

蛋白质具有构成和修复机体组织、运输营养素、参与免疫反应、供给能量等生理功能。由于各种蛋白质的氨基酸组成（种类、数量、比例）不同，其营养价值也各不相同。根据蛋白质营养价值的高低，可将蛋白质分为完全蛋白质、半完全蛋白质和不完全蛋白质3类。

2. 脂类

脂类是脂肪和类脂的总称，主要含有碳、氢、氧3种元素。脂类是一种高热能营养物质。脂类以各种形式存在于人体组织中，是细胞的重要成分、具有储存和供给热能、维持体温、保护脏器、帮助机体有效利用蛋白质、提供必需脂肪酸、促进脂溶性维生素的吸收、延长饱腹感等生理功能。

必需脂肪酸是指人体不可缺少而自身又不能合成，必须由食物供给的脂肪酸。植物性脂肪中必需脂肪酸的含量比动物性脂肪中的高，这是植物油营养价值高于动物油脂的一个重要原因。

脂类在人体内的含量仅次于蛋白质，但个体间脂类含量差异比较大。根据脂类的结构及功能，一般可将其分为3类，即甘油三酯、磷脂和固醇类。食物中的脂类约95%是甘油三酯，约5%是其他脂类。人体储存的脂类中，甘油三酯的含量达到99%。

3. 碳水化合物

碳水化合物也称糖类，由碳、氢、氧3种元素组成。由于大多糖类化合物分子中氢原子数与氧原子数之比是2∶1，刚好与水分子中氢原子与氧原子数之比相同，故糖类有碳水化合物之称。

碳水化合物是绿色植物光合作用的产物。人们每日从膳食中摄入的碳水化合物量远远超过了蛋白质和脂肪。碳水化合物是人体获取热量的重要来源，约提供人体每日所需总热量的55%~65%。

人体可消化吸收的碳水化合物与人体不可消化吸收的碳水化合物的生理功能有所区别。

人体可消化吸收的碳水化合物具有供给能量、构成人体组织结构、节约蛋白质、帮助肝脏解毒等生理功能；人体不可消化吸收的碳水化合物具有刺激肠道蠕动，预防肠道疾病，减少热量摄入，预防肥胖，降低血糖、血脂和胆固醇，预防心血管疾病、胆结石等疾病，抑制致病菌生长，提高机体免疫力等生理功能。

4. 维生素

维生素是维持机体生命活动过程所必需的一类微量的低分子有机化合物。大多数维生素不能在体内合成，必须从食物中摄取才能维持人体健康。根据维生素的溶解性质，可将维生素分为脂溶性维生素和水溶性维生素两大类。

5. 无机盐

无机盐即无机化合物中的盐类，一般只占生物细胞鲜重的 1%~1.5%。目前人体内发现的无机盐有 20 余种，根据体内含量多少，大致分为常量元素和微量元素两大类，其中常量元素有钙、磷、钾、硫、钠、氯、镁，微量元素有铁、锌、硒、钼、氟、铬、钴、碘等。虽然无机盐在细胞、人体中的含量很低，但是作用非常大。

6. 水

水是构成人体的重要物质，是人体中含量最多的成分。正常人每日水的摄入和排出处于动态平衡状态，人体内水的来源包括饮水、食物中的水和代谢内生水。

四、原料成本核算知识

成本有广义与狭义之分，餐饮企业的广义成本是指企业为生产产品而支出的费用之和，狭义成本仅指餐饮企业营业部门正常营业需要购进的各种原料的费用之和。餐饮企业成本核算中的成本通常指的是狭义的成本。

1. 原料成本核算的作用

原料成本核算可为合理制定餐饮产品的销售价格打下基础。一般来说，烹饪原料成本高、工艺复杂的菜肴定价要高一些。原料成本核算可为厨房的生产操作投料提供标准，揭示产品成本升高或降低的原因，有助于餐饮企业的经营管理者制定降低成本的措施，健全各项规章制度，提高经济效益。

2. 平乐十八酿原料成本核算方法

制作酿菜的主要原料包括主料、辅料和调料，因此要核算酿菜原料成本，必须分别核算主料、辅料和调料的成本。

相关计算公式如下：

$$净料率 = 净料重量 / 毛料重量 \times 100\%$$

$$净料重量 = 毛料重量 \times 净料率$$

$$毛料重量 = 净料重量 / 净料率$$

$$损耗率 = 损耗重量 / 毛料重量 \times 100\%$$

$$净料成本 = 净料重量 \times 毛料价格 / 净料率$$

【例1-1】某厨房购入香菇 5 kg，涨发后得到水发香菇 17.5 kg，香菇的净料率为多少？

解：香菇的毛料重量 =5 kg

香菇的净料重量 =17.5 kg

香菇的净料率 =17.5 kg/5 kg×100%=350%

答：香菇的净料率是 350%。

【例1-2】现有黄豆芽 5 kg，摘剔根部后共损耗了 1.5 kg，黄豆芽的损耗率是多少？

解：黄豆芽的毛料重量 =5 kg

黄豆芽的损耗重量 =1.5 kg

黄豆芽的损耗率 =1.5 kg/5 kg×100%=30%

答：黄豆芽的损耗率是 30%。

【例1-3】制作豆芽酿需要使用的黄豆芽采购价格（毛料价格）为 6 元/kg，净料率为 70%，用量是 300 g；猪后腿肉采购价格为 20 元/kg，净料率为 90%，用量是 220 g；韭菜采购价格为 8 元/kg，净料率为 80%，用量是 100 g；调味品总价折合 2 元，求该菜的成本。

解：黄豆芽净料成本 =（0.3 kg×6 元/kg）/70%≈2.6 元

猪后腿肉净料成本 =（0.22 kg×20 元/kg）/90%≈4.9 元

韭菜净料成本 =（0.1 kg×8 元/kg）/80%=1 元

菜肴总成本 =2.6 元 +4.9 元 +1 元 +2 元 =10.5 元

答：豆芽酿菜肴总成本是 10.5 元。

五、厨房设备与工具的维护保养知识

厨房设备是指烹调过程中需要设置的机器，分为菜点制作设备和辅助生产设备。根据具体用途，厨房设备可分为加工设备、保鲜设备、烹调加热设备和其他设备。

厨房工具是指烹调过程中所使用的手工工具，包括生产专用工具、生产产品的模具等。酿菜制作所使用的工具主要是刀具和砧板。

1. 加工设备的维护保养

（1）绞肉机的维护保养。绞肉机是处理肉类时常用的一种设备，主要用于将肉块切碎、绞细成肉馅。绞肉机广泛应用于酿菜馅料的加工。绞肉机的维护保养要注意以下事项。

1）防止电动机进水。操作时应将绞肉机放置在干燥平稳处，应保持手的洁净，切不可手上带水操作，避免水滴入按键处的缝隙中，导致电动机零部件进水。

2）避免用于绞打过硬的东西。绞肉机的刀片有一定的使用寿命，尽量不要用绞肉机绞打带骨头的肉类（有些可用于打鱼骨的专用设备除外）。

3）使用后应及时清洗。清洗时先断电，再将可拆卸的部件拆下来用温水和洗涤剂清洗，避免食物残渣损坏刀片。

4）清洗后一定要晾干。建议用厨房用纸擦一遍，容易干且不会留下水痕。晾干后将刀套装回刀头上。

（2）破壁机的维护保养。破壁机应用广泛，不仅可以用来打蔬菜汁，还可以用来绞肉、搅拌原料等，是制作酿菜的重要设备。破壁机规格型号很多，不同规格型号的破壁机功能也会有所区别，使用时要按照说明书的指示操作。破壁机的维护保养要做好以下事项。

1）料杯的维护保养。可用热水和洗涤剂清洗料杯和杯盖，如破壁机具有清洗功能可按说明书进行操作，再将料杯和杯盖冲洗干净、晾干即可。

2）刀片的维护保养。在台面上垫一块抹布，将料杯杯身倒置，一手握住杯柄，另一手用刀片开启器旋转刀片，勿旋转得太松以致刀片直接掉落，重新将杯身翻转直立后旋转解锁刀片，再从杯身中取出已解锁的刀片。取出后，用温水将刀片清洗干净，同时可以对刀片固定器的橡胶圈进行清洁。刀片晾干或擦干后再装回料杯中。

（3）搅拌机的维护保养。搅拌机主要用于搅拌酿菜馅料以使其上劲。搅拌机的维护保养要注意以下事项。

1）防止电动机进水。操作时搅拌机应放置在干燥平稳处，应保持手的洁净，切不可手上带水操作，避免水滴入按键处的缝隙中，导致电动机零部件进水。

2）严禁超负荷运转。使用时不要放太多原料，避免因超过其负荷而烧坏电动机。

3）及时清洗晾干。使用后应马上将搅拌桨、料桶清洗干净，放置在干燥处晾干。

2. 保鲜设备的维护保养

（1）冷冻设备的维护保养。冷冻设备主要指温度控制在 -1 ℃以下的保鲜设备，通常有水冷和风冷两种制冷方式。采用水冷制冷方式的冷冻设备应定期化霜，根据具体使用情况每 1~2 周应化霜一次，应切断电源后再化霜，化霜时应打开设备门让冰霜自然融化，切不可用开水浇淋或用刀等硬物敲打强行去除冰霜，避免损坏设备。

（2）冷藏设备的维护保养。冷藏设备指温度控制在 -1~8 ℃的保鲜设备。冷藏设备的维护保养主要是保持设备内部的清洁卫生，定期（一般为 1 周）清洁一次，用干净毛巾擦拭或清洗设备。

（3）保热设备的维护保养。保热设备主要指为保证菜肴处于最佳食用温度，而采取措施延缓菜肴温度流失的设备。保热设备通常温度在 60 ℃以上，用于存放酿菜半成品或成品。其维护保养主要是注意每次使用后应将设备里的水排净，去除菜肴残渣，确保干净卫生。

3. 烹调加热设备的维护保养

烹调加热设备是指厨房中用于将原料烹制成熟的设备。按其热能来源来分可分为以燃气为能源的炉灶、以燃油或燃煤为能源的炉灶、以电为能源的炉灶 3 类，按用途来分可分为炒炉、汤炉、炸炉、蒸柜、电烤箱等。本教材主要介绍酿菜制作使用较多的燃气（油）炉灶、蒸柜和微波炉的维护保养方法。

（1）燃气（油）炉灶的维护保养。这类设备在厨房中使用极为广泛，有炒炉、汤炉、平头炉等，因燃油炉灶与燃气炉灶维护保养方法基本一致，所以本教材只介绍燃气炉灶的维护保养方法。

1）保持灶台卫生。日常使用后应及时做好炉灶台面的清洁卫生工作，避免油污污损炉灶。

2）保持炉膛卫生。应及时清理掉入炉膛的颗粒状物质，避免堵塞气孔，影响炉灶的正常使用。

3）定期检修。应定期请专业人员检修炉灶风机组线路、天然气管道等。

（2）蒸柜的维护保养。蒸柜是指利用蒸汽将原料烹制成熟的烹调加热设备。蒸柜是蒸笼的"升级版"，拿取方便，上下层互不干扰，使用广泛。蒸柜的维护保养要注意以下事项。

1）保持蒸柜卫生。日常使用后应做好蒸柜内的清洁卫生工作，定期换水。

2）保持水位。现在大部分蒸柜都有自动加水功能，但以防出现故障，在使用过程中应密切关注蒸汽变化情况，防止烧干。

3）定期检修。应定期请专业人员对蒸柜进行检修，特别要注意检查自动加水装置。

（3）微波炉的维护保养。微波炉具有里外同时加热和加热速度快的特点。微波炉的维护保养要注意以下事项。

1）做好清洁卫生。使用后应及时做好微波炉的清洁卫生工作，如有油污可先用湿纸擦拭，再用洗涤剂擦净。如果微波炉内的污垢太多，可用微波炉专用容器装水加热几分钟，先让水蒸气润湿炉内的污渍，然后用湿纸擦拭，再用洗涤剂或酒精将油污擦净。

2）及时去除异味。微波炉用于加热不同的食物，难免会有异味。可在水中加柠檬汁，放在微波炉内加热几分钟，或将橘皮放进微波炉中加热 15～30 s，即可去除微波炉中的异味。

3）摆放位置要正确。微波炉要放在平整、通风的台面或搁架上，后面、顶部、两侧与壁板的距离要在 10 cm 以上，且应离其他电器远一些，也不要离水源或水池太近，以免沾上水。

4. 厨房工具的维护保养

（1）刀具的维护保养。根据用途刀具可分为片刀、切刀、斩刀、尖刀、雕刻刀等。酿菜制作中使用较多的是前切后斩刀。刀具的维护保养要注意以下事项。

1）做好清洁。刀具使用后必须用水清洗干净，再用干净的抹布擦干。

2）注意防锈。长时间不用或遇到潮湿的季节时应先将刀具擦干，再在其表面涂抹一层植物油，并将其放置在干燥处，以防生锈。

（2）砧板的维护保养。砧板是对烹饪原料进行切、片、剁等加工处理时垫衬的器具。按形状来分，可分为圆形砧板、方形砧板和异形砧板 3 种；按材质来分，可分为木质砧板、竹质砧板、塑料砧板等。本教材主要介绍常用的木质砧板和塑料砧板的维护保养方法。

1）木质砧板的维护保养。木质砧板密度高、韧性强、经久耐用。木质砧板的材料种类较多，其中以银杏木为佳。木制砧板的维护保养要注意以下事项。

①新砧板处理。新购木质砧板使用前须用盐水浸泡 3～5 天，既能使砧板木质紧密、结实耐用，又能有效防止虫蛀。

②日常使用。使用砧板时，不宜长时间使用同一个部位，而应旋转使用，以保持砧板表面平整。一旦砧板表面出现不平，应及时刨平。每次使用后，应刮净砧板表面，清洁后将砧板竖起置于通风处，切忌在太阳下暴晒，以免干裂。

③消毒、防裂。砧板应定期高温消毒，若长时间不用还应洒水，以保持砧板湿润，防止其干裂。

2）塑料砧板的维护保养。塑料砧板是指以聚乙烯（PE）、聚丙烯（PP）为主要原料的砧板。常见的塑料砧板有圆形和方形两种，按颜色分则主要有红色、绿色和白色。塑料砧板不易开裂，便于清理，是餐饮行业应用较多的一种砧板。为了延长塑料砧板的使用寿命，须进行正确的维护保养。

①日常使用。避免用锐利的器物划伤砧板。清洗砧板时应使用温水和温和的洗涤剂，不能使用含有氧化剂的洗涤剂。清洗后将砧板立于通风处，让砧板完全干燥，以防止发霉。应避免砧板长时间暴露在阳光或高温下。

②消毒、除霉。砧板应定期高温消毒，一旦出现发霉或是不平，应及时刨去霉层或刨平。

练习题

1. 造成食品安全问题的三类污染是什么？
2. 六大营养素是什么？
3. 破壁机的维护与保养工作内容有哪些？
4. 塑料砧板的维护与保养工作内容有哪些？

培训任务 2

原料加工

学习单元 1

酿菜原料介绍

一、酿菜原料的品质鉴定

酿菜原料品质鉴定是指依据烹饪原料固有的品质、新鲜度等鉴定其质量优劣。根据鉴定指标和依据的不同，鉴定方法可分为理化鉴定法和感官鉴定法。理化鉴定法是指利用各种仪器、设备和化学试剂，对原料的理化指标和微生物指标进行分析，判断原料质量优劣的方法。感官鉴定法是指利用人的眼、耳、鼻、舌、皮肤等感觉器官，观察分析原料的性状特征，对原料质量优劣进行鉴定的方法。因其使用便捷、迅速有效，在实际工作中使用较多。常用的感官鉴定法有视觉鉴定法、嗅觉鉴定法、味觉鉴定法、听觉鉴定法、触觉鉴定法，这5种感官鉴定法在实际运用中不是单独使用的，大多需要相互配合，才能鉴定原料质量的优劣。

二、酿菜原料的分类

酿菜原料是用于制作各种酿菜的烹饪原材料的总称，按原料来源属性可分为植物性原料、动物性原料、矿物性原料和人工合成原料，按原料在酿菜制作中的作用可分为主料、辅料和调料，按原料加工与否可分为鲜活原料、干货原料和加工性原料，按酿菜的制作工艺可分为酿皮料、馅料。

本教材着重介绍具有平乐地方特色的酿皮料、馅料。

1. 酿皮料

酿皮是烹饪原料经处理后制成适合于酿馅形状的半成品。常用酿皮料多为季节性的植物性原料，如南瓜花、春菜、竹笋、苦瓜、丝瓜等；也有动物性原料，如黄金鲤鱼、猪肥膘肉等，见表 2-1。

表 2-1　　　　　　　　　　　　　　常用酿皮料

类别		原料名称	上市季节	代表菜品
植物性原料	粮谷制品	水豆腐	常年	水豆腐酿
		油豆腐	常年	豆腐酿
		豆芽	常年	豆芽酿
	叶菜类蔬菜	春菜	冬春季	春菜酿
		猪婆菜	春季	菜包酿
	根茎类蔬菜	芋头	冬春季	芋头酿
		马蹄	冬季	马蹄酿
		竹笋	春季	竹笋酿
		青蒜	常年	青蒜酿
		莲藕	常年	莲藕酿
		白萝卜	冬季	萝卜酿
	果菜类蔬菜	丝瓜	秋季	丝瓜酿
		柚子皮	秋季	柚皮酿
		南瓜花	夏秋季	南瓜花酿
		节瓜	常年	节瓜酿
		茄子	常年	茄子酿
		苦瓜	常年	苦瓜酿
		番茄	常年	番茄酿
		青椒	常年	青椒酿
		泡椒	夏季	泡椒酿
动物性原料	禽类制品	鸡蛋	常年	蛋酿
	畜肉类	猪五花肉	常年	同安扣肉酿
		猪肥膘肉	常年	玻璃扣酿
	水产类	黄金鲤鱼	常年	鱼酿

备注：随着农业技术的发展，大部分酿菜原料常年均有供应。

2. 馅料

馅料是指经加工处理后可采用各种酿制技法放入酿皮中的一类原料，常见品种见表 2-2。

表 2-2　　　　　　　　常用馅料

类别		原料名称	上市季节	代表菜品
植物性原料	粮谷制品	水豆腐	常年	南瓜花酿
		绿豆	常年	玻璃扣酿
	叶菜类蔬菜	葱	常年	莲藕酿、萝卜酿
		紫苏	常年	田螺酿
		薄荷	常年	田螺酿
	根茎类蔬菜	马蹄	冬季	泡椒酿
		酸笋	常年	田螺酿
		大蒜	常年	田螺酿
	食用菌	香菇	常年	节瓜酿
		木耳	常年	田螺酿
动物性原料	禽类制品	鸡蛋	常年	蛋酿
	畜肉类	猪五花肉	常年	田螺酿
		牛肉	常年	莲藕酿
	水产类	田螺肉	常年	田螺酿

三、常用酿菜原料知识

1. 植物性原料

植物性原料既可作为酿皮料，也可作为馅料。酿菜的酿皮多选用植物性原料，大多数为蔬菜类原料。

（1）常用蔬菜类原料。蔬菜是可烹饪食用的草本植物，一些木本植物的嫩茎、嫩叶和菌类的总称。蔬菜类原料可细分为叶菜类、茎菜类、根菜类、花菜类、果菜类、食用菌类等。

1）春菜（见图 2-1）。春菜是莴苣属的一种蔬菜，叶扁大，以口感脆嫩、微甜清香者为佳。春菜是平乐特色食材，在酿菜中主要用于制作酿皮。

2）猪婆菜（见图 2-2）。猪婆菜学名是莙荙菜，又叫牛皮菜，因以前农户用其喂猪得名，是南方特有的一种蔬菜。主要食用其幼苗或叶片。猪婆菜以鲜嫩多汁、适口性好者为佳，在酿菜中主要用于制作酿皮。

图 2-1　春菜

图 2-2　猪婆菜

3）韭菜（见图 2-3）。韭菜又称长生韭、草钟乳、北阳草、起阳草等，主要以嫩叶和柔嫩的花茎供食用。韭菜按叶片宽窄分为宽叶韭和窄叶韭，宽叶韭质柔嫩，辛辣味较淡，窄叶韭纤维多，辛辣味浓。韭菜以黄叶少、无杂质者为佳，在酿菜中主要用作馅料。

4）紫苏（见图 2-4）。紫苏也叫桂荏、赤苏，是一年生草本植物。其叶可供食用，和肉类一起煮熟可增加后者的香味，在酿菜中主要用作馅料。

图 2-3　韭菜

图 2-4　紫苏

5）薄荷（见图 2-5）。薄荷为唇形科薄荷属的一种多年生草本植物，是一种有特种经济价值的芳香作物。薄荷以气味清爽、颜色较淡、泡水喝口感清凉者为佳，在酿菜中主要用作馅料的调料。

6）竹笋（见图2-6）。竹笋味道鲜美，春季产的竹笋口感佳。因竹笋含草酸较多，食用前应用水煮过并用清水漂洗。竹笋以节间短、色正味纯、鲜嫩、无外伤及虫害者为佳。用于制作酿皮的竹笋为桂北地区特色品种，当地多称其为小笋。

图2-5　薄荷

图2-6　竹笋

7）马蹄（见图2-7）。马蹄外形呈扁圆形，表面平滑，表皮呈深栗色或枣红色，质地细嫩，爽脆多汁，鲜甜可口，以个大、新鲜、皮薄肉细者为佳。马蹄在酿菜中既可用作酿皮也可用作馅料。

8）芋头（见图2-8）。芋头又称芋艿、芋，是天南星科芋属植物的地下球茎，表面有棕黑色须根，其肉黏液多，富含淀粉，肉质松软、香味浓郁。烹调时一定要煮熟，以免其中黏液刺激咽喉，导致不适。芋头以体积较大，表面没有受损、长黑斑，切开时芋肉为白色、有槟榔纹者为佳。槟榔芋是平乐特色食材，在酿菜中既可用作酿皮也可用作馅料。

图2-7　马蹄

图2-8　芋头

9）青蒜（见图2-9）。青蒜即蒜苗，以鲜嫩、无黄叶者为佳。青蒜在酿菜中既可用作酿皮也可用作馅料，用作馅料可提味、配色。

10）莲藕（见图2-10）。莲藕是荷的肥大根茎，长有节，中间有数个管状小孔，折断后有丝。白花藕以外皮白色或淡黄色、肉质脆嫩者为佳；红花藕皮色褐黄，以淀粉含量较高、肉质较粗、藕节细瘦者为佳。白花藕较适于制作酿菜，在酿菜中既可用作酿皮，也可用作馅料的辅料。

图2-9　青蒜

图2-10　莲藕

11）节瓜（见图2-11）。节瓜又叫毛瓜，是冬瓜的变种，在岭南各地栽培历史悠久。其果实在夏季可作蔬菜食用，果肉白色，外皮近青色，表面密被黄褐色的粗硬毛。节瓜以新鲜、光泽度好、瓜身有绒毛、硬度大、按压不会软者为佳。节瓜在酿菜中主要用作酿皮。

12）南瓜花（见图2-12）。南瓜花是一年生草本植物南瓜的花，包括花柄、花托和花冠，在两广地带多用作蔬菜，可炒可做汤用，一般在农历3—5月上市。南瓜花以花形完整、花朵大、无破损者为佳。南瓜花在酿菜中主要用作酿皮。

13）柚子皮（见图2-13）。柚子皮是成熟后的柚子的果皮，需要先削去外皮，经焯水、浸泡去除苦味后方可作为酿皮料。柚子皮质量的优劣取决于柚子质量的优劣，应选用果形端正，外皮金黄，无机械损伤、日光灼伤、病虫斑等，果肩较短，果皮厚度适中的沙田柚的果皮。

图2-11　节瓜

图2-12　南瓜花

柚子皮是广西特色食材,主要用作酿菜的酿皮。

14)白萝卜(见图2-14)。白萝卜为十字花科萝卜属一二年生草本植物,又称莱菔、芦菔,主要以肉质根供食用,其嫩叶也可食用。白萝卜以新鲜脆嫩、外皮光滑、无糠心、无黑心、不抽薹、无外伤者为佳,在酿菜中主要用作酿皮。

图2-13 柚子皮

图2-14 白萝卜

15)茄子(见图2-15)。茄子又称茄瓜、落苏、矮瓜、昆仑瓜等,以幼嫩的浆果供食,按果实形状可分为长茄、矮茄和圆茄3种,皮色有紫色、黑紫色、红紫色或绿白色。茄子以形状规整、细嫩、无黑心者为佳,在酿菜中主要用作酿皮。

16)番茄(见图2-16)。番茄为一年生或多年生草本植物,又称西红柿、红茄、洋柿子、爱情果等,以幼嫩、多汁的浆果供食用。番茄以果形端正、肉厚多汁、酸甜适口者为佳,在酿菜中主要用作酿皮或用于制作番茄酱。

图2-15 茄子

图2-16 番茄

17)苦瓜(见图2-17)。苦瓜又称凉瓜、癞瓜、锦荔枝等,以嫩果供食用,果实呈纺锤形或长圆筒形,果皮表面具有不整齐的瘤状突起,嫩果为青绿色或白色,成熟时呈黄色或红色。苦瓜以质嫩、肥厚、籽少者为佳。苦瓜切节掏空后常用作酿菜的酿皮。

18）冬瓜（见图 2-18）。冬瓜又称白瓜、水芝等。冬瓜肉厚，呈白色，疏松多汁，味淡。冬瓜按果实大小可分为小果型和大果型两类。冬瓜以表皮硬、白霜完整、无斑点，整体分量重、水分足，切开后肉厚瓤少者为佳。冬瓜主要用作酿菜的酿皮。

图 2-17 苦瓜

图 2-18 冬瓜

19）青椒（见图 2-19）。青椒是茄科辣椒属辣椒的变种，果实较大，辣味较淡，有些青椒基本没有辣味。青椒以果实鲜艳、大小均匀、无病虫害、无腐烂、无机械损伤者为佳。在酿菜中主要用青椒制作酿皮。

20）泡椒（见图 2-20）。泡椒是平乐当地的一种特色辣椒，形似灯笼。泡椒以拇指大小、皮厚肉脆、形状完整者为佳。泡椒是平乐特色食材，在酿菜中主要用整个泡椒作为酿皮。

图 2-19 青椒

图 2-20 泡椒

21）香菇（见图 2-21）。香菇又称香菌、香信，属于食用菌。香菇干制后香味更好，以菌菇完整，菌盖肉厚、全开而卷边，无虫蛀畸形者为佳。香菇在酿菜中既可以作为馅料也可以作为酿皮料。

22）木耳（见图 2-22）。木耳又叫黑木耳、云耳，属于食用菌。木耳多为干制品，须泡发后使用，以颜色黑而光润、片大均匀、体轻、干燥、无杂质、涨发性好者为佳，主要用作酿菜的馅料。

图 2-21 香菇

图 2-22 木耳

（2）常用粮谷制品类原料。粮谷既是主食，也是一类重要的烹饪原料。粮谷按其属性划分，可分成谷类粮食（稻、玉米、小米、高粱等）及其制品，豆类粮食（大豆、蚕豆、豌豆、绿豆等）及其制品和薯类粮食（甘薯、木薯等）及其制品3类。酿菜制作使用的粮谷制品类原料主要是豆制品。

1）豆腐（见图2-23）。豆腐属于豆制品，是指大豆、黑豆等豆类原料经清洗、浸泡、磨浆、煮浆、凝固成型等工序制成的半成品。在中国有南豆腐、北豆腐之分。一般而言南豆腐利用石膏作为凝固剂，成品细嫩；北豆腐则通过点卤凝固而成，成品较硬。水豆腐即新鲜成型的豆腐，以块形完整、口感嫩滑者为佳，在酿菜中既可用作馅料，也可用作酿皮。油豆腐为豆腐油炸后制成，以色泽金黄、皮硬中空者为佳，在酿菜中主要作为酿皮。

水豆腐

油豆腐

图 2-23 豆腐

2）豆芽（见图2-24）。豆芽也称芽苗菜、如意菜、掐菜，是各种豆类的种子培育出的可供食用的"活体蔬菜"。品质优良的豆芽颜色自然、洁白，有光泽，粗细均匀适中，长度在 10 cm 以内，根须在 3 cm 左右，汁水充足，掐一下手感脆嫩，具有清新的豆香味，清甜。豆芽在酿菜中主要用作酿皮，常用的有黄豆芽和绿豆芽。

3）豆沙。豆沙是干豆泡水涨发后蒸熟脱皮，炒干水分至出沙，加入一定量的白糖制成的半成品，主要用作酿菜的馅料。用于制作豆沙的原料有红豆、绿豆等。优质绿豆沙呈黄绿色或暗绿色，优质红豆沙（见图 2-25）呈枣红色或浅红色，色泽均匀，有光泽；质地细腻，无豆皮、异物；豆香浓郁，伴有甜香，回味悠长；口感沙，入口易溶，下咽时滑爽。

图 2-24　豆芽

图 2-25　红豆沙

2. 动物性原料

制作酿菜的动物性原料主要是猪肉，也有牛肉和水产类原料。

（1）常用畜肉类原料

1）猪肉。猪肉肉质细嫩，脂肪含量高且与瘦肉分层明显，一般脂肪洁白，瘦肉为红色或粉红色。猪肉是我国食用量最大的畜肉类原料。一般按部位分档，猪肉可分为槽头肉、五花肉、扁担肉、弹子肉、坐臀肉、前夹肉、后腿肉等。酿菜制作中常用去皮的五花肉、前夹肉、后腿肉作为馅料；用带皮五花肉、肥膘肉（见图 2-26）、猪网油作为酿皮料。

新鲜猪肉表面有一层微干的外膜，有光泽，气味正常，无酸味或霉味，质地紧密且富有弹性，用手指按压凹陷后能立即复原，切断面微湿、不粘手，肉汁透明。新鲜猪肉制作的肉汤透明，芳香，汤表面聚集大量油滴，滋味鲜美。

2）牛肉（见图 2-27）。牛肉色泽鲜红，脂肪呈微黄色，肌肉纤维明显，有特有的腥膻味。一般按部位分档，牛肉可分为牛上脑、肋条、牛外脊、牛柳、牛霖、后腱子等。酿菜制作中，牛肉常作为馅料。

牛肉的品质主要根据其颜色、嫩度、风味、持水性和多汁性判断。新鲜牛肉颜色为鲜红色。牛肉的嫩度由肌肉中的蛋白质结构特性决定，受牛的品种、年龄、肌肉部位、屠宰加工方法等影响。通常运动量多、负荷较大的肌肉比运动量小的肌肉肉质老。

牛肉各部位肉质由老至嫩的一般顺序是腿部、颈部、胸部、背部、腰部。

图 2-26　肥膘肉

图 2-27　牛肉

（2）常用水产类原料。酿菜制作常使用桂江出产的鱼类、虾类作为馅料或酿皮料。

1）田螺。桂林人吃螺的历史悠久，桂林的甑皮岩遗址中出土了大量螺壳，表明桂林人吃螺历史至少有几千年之久。田螺是桂林特色食材，在酿菜制作中田螺分为两部分使用，肉用作馅料，外壳（见图 2-28）用作酿皮料。

2）黄金鲤鱼（见图 2-29）。黄金鲤鱼是指生活在桂江中的一种金黄色的鲤鱼，属于鲤形目鲤科，又称龙鱼、拐子，2—3 月最为肥美。其肉质坚实而厚，刺少，味鲜美，适合于多种烹调方法及调味方式，常整尾入烹，也可进行多种刀工处理。新鲜的黄金鲤鱼体表有光泽，鳞片完整、不易脱落，鱼鳃鳃盖紧闭、不易打开，鳃片鲜红，鳃丝清晰，鱼眼球饱满凸出、角膜透明，肌肉组织紧密而有弹性。黄金鲤鱼是平乐特色食材，主要用作酿菜的酿皮料。

图 2-28　田螺外壳

图 2-29　黄金鲤鱼

练习题

1. 根据原料在酿菜制作中的作用，酿菜原料的种类有哪些？

2. 酿菜制作中常用的酿皮料有哪些？
3. 酿菜制作中常用的馅料有哪些？
4. 常用的烹饪原料感官鉴定法有哪些？

学习单元 2

酿菜原料加工

酿菜原料加工是指对酿菜原料进行初加工及刀工处理，使之符合一定规格，为烹制酿菜做准备的操作过程。原料加工是烹饪中一项重要的工序，也是酿菜制作过程中的一个重要环节。

一、酿菜原料的初加工

原料的初加工是指原料由毛料到净料的加工过程，一般包括择剔、宰杀、除鳞去鳃、煺毛、去内脏、洗涤、干货涨发等。由于酿菜原料众多，其性质各异、烹饪用途不同，因此初加工方法也不相同。如新鲜的蔬菜中带有泥沙污物、黄叶、老根等，需要进行洗涤、择剔；水产、家畜等原料含有不能食用的部分，需要进行洗涤、去骨、去皮、宰杀、去内脏、除鳞去鳃、煺毛等；干货原料需要用水发、碱发等方法涨发。因此酿菜原料的初加工主要包括新鲜蔬菜的初加工、畜肉类原料的初加工、水产类原料的初加工和干货原料的涨发。本教材以鱼类的初加工为例介绍水产类原料的初加工，以带皮猪五花肉的初加工为例介绍畜肉类原料的初加工，以水发为例介绍干货涨发。

1. 新鲜蔬菜的初加工

（1）新鲜蔬菜的初加工流程。新鲜蔬菜的初加工流程为：原料选择、择剔、洗涤。

增加菜肴的品种。如冬瓜既可以切成连刀片制作夹酿类酿菜，也可以切成块，再掏一个窝，制作填酿类酿菜。

2. 刀工处理的基本要求

（1）成型整齐均匀。经刀工处理后的原料大小、厚薄等规格应一致，这样可以使原料成熟时间相同，菜肴入味均衡、形状美观，避免同一盘菜滋味浓淡不一、生熟老嫩不一且菜肴外形不美观。

（2）根据酿菜特性合理运用刀法。酿菜主要由酿皮和馅料组合而成，酿皮块形比较大，多采用切、片等刀法；馅料多为粒、茸等形状，多采用切、剁等刀法或借助绞肉机、破壁机等加工设备加工。

（3）合理用料，物尽其用，避免浪费。对原料进行刀工处理要精打细算，做到"大材大用、小材小用"，谨防浪费。尤其是大料改制成小料，或只选用原料中的一部分的情况下，对暂时用不着的剩余原料要巧妙安排，合理利用。

（4）符合卫生要求，定期进行消毒处理。进行刀工处理时，要注意原料和工具的清洁卫生，生熟分开，避免交叉污染，定期消毒。刀工处理应尽量不损害原料的营养成分，避免因加工不当而使营养成分流失。

3. 刀工处理的操作规范

刀工处理的规范化程度大大影响着操作者的身体健康，正确的操作姿势不仅可以提高工作效率、省时省力，而且对减少职业病具有重要作用，是刀工操作准确、迅速、精细、安全的保障。

（1）操作站姿要正确。操作时双脚自然分开至与肩同宽，或呈丁字形或稍息姿势，身体与地面垂直，砧板的高度与脐部齐平，腹部与砧板保持一个拳头的距离，要求做到"切批砍剁不弯腰，丁字稍息骑马裆，思想集中胸稍挺，工作持久更健康"。

（2）拿刀姿势要正确。进行刀工操作时，拿刀姿势一般为右手拇指与食指捏着刀背，其余三指紧紧握住刀柄，拿刀部位要恰当。当然，拿刀姿势也与原料的质地和所用的刀法有关。使用的刀法不同，拿刀的姿势也有所不同。刀工操作时主要使用腕力，手腕要保持灵活而有力。拿刀的基本要求是稳、准、狠，应牢而不死。

1）切的拿刀姿势。右手拇指和食指捏住刀背，其他手指及手掌紧握刀柄，刀刃垂直向下，左手五指自然弯曲成爪形，中指第一个关节略突出顶住刀膛，拇指及掌根起支撑作用。

2）剁的拿刀姿势。右手紧握刀柄，刀刃垂直向下，目视原料，反复均匀地连续剁原料。如果是排剁，则双手拿刀。

3）砍的拿刀姿势。右手紧握刀柄，刀刃垂直向下，左手扶稳原料或放在砧板边沿。

4）片的拿刀姿势。右手拇指和食指捏住刀背，其他手指及手掌紧握刀柄，刀刃与砧板平行或呈斜角，左手用除拇指外的四指前端或掌根按住原料。

（3）运刀时要掌握动作要领，要用巧劲。运刀是指刀的运动及双手的配合。运刀的基本要求是舒展大方，行刀自如，轻重得当，缓急有度。做到"身体三曲弯，下刀浑身牵"，掌握好操作要领与技巧，就能收到事半功倍的效果。运刀时要灵活运用腕力，双手协调配合，根据需要调整运刀角度。运刀时必须使用刚柔相济的巧劲。握刀柄时应软而不虚，硬而不僵，关节灵活。

（4）下刀应准确无误。烹饪原料的质地千差万别，尤其是动物性原料，其结构十分复杂。如牛肉的部位、老嫩、用途等不同，对刀工的要求也就不同。因此应了解和掌握牛的身体结构，循着牛的骨骼缝隙入刀，准确地将原料加工至烹饪所需规格。

4. 酿菜常用的刀法

刀法是指切割原料的具体运刀技法，根据刀刃与原料的接触角度不同，可分为平刀法、斜刀法、直刀法3种，酿菜制作运用的刀法主要是直刀法和平刀法（见表2-3）。

表2-3　　　　　　　　　　　酿菜制作常用刀法

刀法种类		运刀方法	加工对象
直刀法	切 直切	垂直向下用力，切断原料，不移动原料的刀法叫直切，若是连续快速切断原料则叫跳切	脆嫩的植物性原料，如萝卜、竹笋
	推切	推切是运用推力切割原料的方法，刀刃向下、向前运行，一推到底，刀刀分离	韧性原料，如肉类
	拉切	拉切是运用拉力切割原料，刀刃向后运行，要求一拉到底，刀刀分离，用力稍大	脆性或中性原料，如鲜木耳、发泡陈皮
	锯切	锯切是数次推切、拉切的结合，要求以轻柔的初劲入料，减弱直接压力轻轻前后推拉，待切入原料2/3时再直切下去	大块、酥松的原料，如煮熟的五花肉
	铡切	铡切时左手按住刀背前部，刀刃起落或前后交替起落，或刀刃前部不动、中后部起落	带壳、颗粒状原料，如田螺、花椒、花生等
	剁 斩剁	斩剁时左手按住原料，用右手小臂的力量将刀扬起，垂直剁下，应一刀剁断，防止产生碎骨	带骨和厚皮的原料
	排剁	两手各持一把刀，反复均匀地连续剁	无骨原料

续表

刀法种类		运刀方法	加工对象
平刀法	拉刀片	拉刀片又称拉刀批,是将原料平放在砧板上,刀身与砧板平行向左进刀,然后继续向左拉刀断料的一种刀法	体小,嫩脆或细嫩的动、植物性原料,如莴笋、萝卜、鱼肉等
	推刀片	推刀片又称推刀批,将原料平放在砧板上,刀身与砧板平行,刀刃前端从原料的右下角平行于砧板进刀,然后由右向左将刀刃推入以片断原料的刀法	体小、脆嫩的植物性原料,如莴笋、茭白、冬笋、榨菜等
	推拉片	推拉片又称推拉刀批、锯片,是刀刃平行于砧板来回推拉的刀法	体大、韧性强、筋较多的原料,如牛肉、猪肉等

三、常用酿菜原料成型规格

1. 片的规格

片通常指方片,规格约为 4 cm×4 cm×0.2 cm,主要适用于酿皮原料的处理,如玻璃扣酿的酿皮。

2. 连刀片的规格

连刀片也称夹刀片、蝴蝶片,是两片或多片相连不断的片,每片厚约 0.3 cm,切面大小根据原料本身大小来定。藕夹、茄夹、萝卜夹等都属于连刀片。

3. 粒的规格

粒又称颗,是小型的正方体或长方体,多为绿豆大小,大的如黄豆大小,小的似米粒大小,边长为 0.2~0.5 cm,多用作配料,如香菇粒、木耳粒、葱花等。

4. 末的规格

末的规格略小于米粒。可将原料剁碎或切成丝后再顶刀切成末,如姜末、蒜末、肉末等。

5. 茸泥的规格

茸泥是使用广泛的一种原料形态,比末更为细腻,一般是用搅拌机搅制而成,或切得极细后用刀背锤击而成。适合加工成茸泥的原料主要有猪肉、牛肉、鱼肉、水豆腐等。

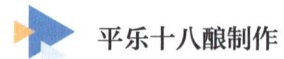

平乐十八酿制作

技能要求

连刀片的加工

一、操作准备

1. 原料准备：茄子1根。
2. 器具准备：水盆1个、菜刀1把、砧板1块。

二、工艺流程

三、操作步骤

步骤1 将茄子用清水清洗干净。

步骤2 将茄子置于砧板上，直切成厚约0.3 cm的片，连刀处控制进刀深度，根据需要在切第二片或第三片时切断即可，如图2-30所示。

图2-30 连刀片加工

四、注意事项

1. 连刀处根据需要控制进刀深度，切约2/3、3/4、4/5深都可以。
2. 茄子容易氧化变色，切好的茄子应马上酿入馅料。
3. 如果茄子较细，可以斜刀切制，保证成型形状一致。

粒的加工

一、操作准备

1. 原料准备：干香菇 50 g。
2. 器具准备：水盆 1 个、砧板 1 块、菜刀 1 把。

二、工艺流程

三、操作步骤

步骤 1 干香菇洗净，再用冷水浸泡（约 1.5 h）至回软，备用。

步骤 2 取下菌柄，切成约 0.2 cm 厚的片后再切成约 0.2 cm 宽的丝，顶刀切成约 $0.2\ cm^3$ 的粒；菌盖先切成约 0.2 cm 厚的片，再用和切菌柄同样的方法切成约 $0.2\ cm^3$ 的粒，如图 2-31 所示。

图 2-31 粒的加工

四、注意事项

1. 香菇水发前应清洗干净，泡香菇的水过滤后可用来做汤、调制馅料。
2. 为保证水发后香菇的品质，水发干香菇一般用冷水，急用时可以用温水。

末的加工

一、操作准备

1. 原料准备：猪前夹肉 250 g。
2. 器具准备：水盆 1 个、砧板 1 块、菜刀 2 把。

二、工艺流程

三、操作步骤

步骤 1 先用清水将猪前夹肉洗净，沥干后放置于砧板上。

步骤 2 先将肉切成片，再用排剁刀法将肉剁成末，至平摊开不见颗粒为止，如图 2-32 所示。

图 2-32 末的加工

四、注意事项

1. 制作肉馅的猪肉宜肥瘦相间，一般肥瘦比例为 3∶7。
2. 剁好的猪肉末应无颗粒。

茸泥的加工

一、操作准备

1. 原料准备：草鱼 1 条（重约 750 g）。
2. 器具准备：水盆 1 个、砧板 1 块、菜刀 2 把、破壁机 1 台、冰箱 1 台。

二、工艺流程

三、操作步骤

步骤 1 将草鱼拍晕，除鳞去鳃，剖腹去内脏，洗净。

步骤 2 将草鱼平放在砧板上，从尾部进刀，沿脊骨片至鱼鳃部，切下鱼头，用同样的方法取下另一侧鱼肉。

步骤 3 将鱼肉鱼皮朝下平放在砧板上，去鱼皮、大骨，紧贴鱼肋骨下刀去肋骨，如图 2-33 所示。

步骤 4 草鱼有刺，先用刀除去鱼刺，刮出粗鱼茸，再用刀剁成茸泥，或放入破壁机中搅打成茸泥，如图 2-34 所示。将制成的鱼茸放入冰箱冷藏 4 h 后搅打上劲。

图 2-33 去鱼皮、大骨、肋骨

图 2-34 茸泥加工

四、注意事项

1. 宰杀鱼时要避免碰破鱼胆，以确保鱼肉品质。
2. 也可先不去鱼皮，用刀背锤几遍后用刀刃刮出鱼肉末，反复几次直至将鱼肉全部刮下,再用破壁机搅打,这样可使鱼茸中尽可能没有小刺。

练习题

1. 新鲜蔬菜的初加工要求有哪些?
2. 如何对草鱼进行初加工?
3. 刀法可分为哪几种?
4. 剁肉末时应注意什么?
5. 如何加工连刀片?
6. 如何加工鱼茸?

培训任务 3

馅料制作

学习单元 1

馅料调味

馅料与酿皮共同决定了酿菜的口味和质感。如果说酿皮是酿菜的门面、外衣，那馅料则是酿菜的内核，其口味对酿菜的品质影响极大。

一、味与味型

1. 味的概念

广义的"味"是一种综合味觉，包括心理味觉、物理味觉、化学味觉及生理味觉。狭义的"味"是指菜肴中的可溶性成分溶于菜肴的汤汁中刺激口腔内的味蕾所产生的味觉印象。

味蕾主要分布在舌乳头中，小部分分布在软腭、咽喉等处。味蕾有着明确的分工，舌尖的味蕾对甜味比较敏感，舌两侧的味蕾对酸味比较敏感，舌面的味蕾对咸味比较敏感，舌根的味蕾对苦味比较敏感。而对甜味和咸味敏感的味蕾区域有一定的重叠。

2. 味型

（1）单一味。不同的国家和地区对味型的认识也有所不同，目前我国的烹饪理论中单一味主要分为咸味、甜味、酸味、辣味、苦味、鲜味和香味7种，这是生理上直接能感受到的味型。

1）咸味。咸味是菜肴的主味，绝大部分复合味的基础味也是咸味。因此咸味享有"百味之王""百肴之将"的美誉。咸味能去腥解腻、突出原料的鲜香、调和滋味。常用的咸味调料有盐、酱油等，详见表3-1。

2）甜味。甜味在调味中的作用仅次于咸味，除了调制单一甜味菜肴外，还可以调制多种复合味的菜肴。甜味有增加菜肴鲜味、去腥解腻、缓和辣味等作用。常用的甜味调料有白糖、冰糖、蜂蜜等，详见表3-1。

3）酸味。酸味一般不独立作为菜肴味型，而是与其他单一味一起构成复合味。酸味具有促进食物中钙质的分解、减少维生素流失的作用。常用的酸味调料有红醋、白醋、番茄酱等，详见表3-1。

4）辣味。辣味是辣椒素类物质刺激舌面、口腔及鼻腔黏膜所产生的一种痛感，辣味是烹调中刺激性最强的一种单一味，具有去腥解腻、增进食欲、帮助消化等作用。辣味的辣度可分为微辣、轻辣、中辣、猛辣。辣味的主要呈味原料有辣椒、葱、姜、蒜、芥末等，详见表3-1。

5）苦味。苦味是一种特殊味，单纯的苦味并不可口，在菜肴中一般不单独呈现，通常是辅助其他味型，形成清香、爽口的特殊风味。中医认为，带有苦味的食物具有开胃、助消化、清凉败火等作用。常见的苦味调料有苦杏仁、陈皮等，详见表3-1。

6）鲜味。鲜味具有使菜肴鲜美可口，增强食欲，缓和咸、酸、苦等味的作用。常用的鲜味调料有蚝油、味精、鱼露等，详见表3-1。

7）香味。香味主要来源于原料本身含有的醇、酯、酚等有机化合物和调味品，其受热后散发出各种芳香气味。香味的主要作用是使菜肴具有芳香气味、刺激食欲、去腥解腻等。常用的香味调料有酒类、香料等，详见表3-1。

表3-1　　　　　　　　　常见单一味及所用调料

味型	调料
咸味	盐、酱油
甜味	白糖、冰糖、蜂蜜
酸味	红醋、白醋、番茄酱、柠檬汁等
辣味	辣椒、胡椒、姜、葱、蒜、芥末等
苦味	苦杏仁、柚子皮、陈皮等
鲜味	味精、虾子、蚝油、鱼露等
香味	酒、葱、蒜、香菜、桂皮、五香粉、芝麻、芝麻酱、麻油、桂花等

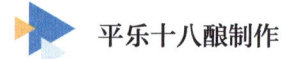

（2）复合味。复合味是指由两种或两种以上单一味混合而成的味型。复合味是酿菜呈现的主要味型。复合味的种类远比单一味多，随其中单一味的种类或比例的不同，其味型的呈现也有一定区别。酿菜常见的复合味有咸鲜味、浓香味、咸辣味、酸辣味等，详见表3-2。

表3-2　　　　　　　　　　酿菜常见复合味及特点

味型	调料	特点
咸鲜味	盐、味精等	咸鲜、清香
浓香味	盐、味精、腐乳、香油、五香粉等	以浓香味为主，辅以咸鲜味
咸辣味	盐、辣椒、味精、葱、姜、蒜等	以咸辣味为主，鲜香味为辅
酸辣味	盐、醋、辣椒、味精、葱、姜、蒜等	酸中透辣，咸鲜味浓

二、调味的定义

调味是运用各种调味品和调味手段，使调料与主料、辅料之间相互作用，形成多种滋味或增强本味的过程。调味是决定酿菜风味的关键技术之一，所谓"五味调和百味香"说的就是调味的重要性。

三、调味的原则

调味是酿菜制作的关键技术之一，只有从食用者需求出发，才能调制出适和区域食用者的口味。调味之"调"贵在"调和"，重在"需求"。

1. 适时原则

调味适时，其一是指调和菜肴风味，要合乎时序。随着季节气候的变化，人对菜肴口味的要求也会有变化。在夏天，人们往往喜欢口味清淡的菜肴；在冬天，则喜欢口味浓厚的菜肴。因此在调味时，可以在保持风味特色的前提下，根据季节变化加以调整。其二是指烹调中投放调料和原料要讲求时机和顺序。如味精要在出锅时投放，时机、顺序错了就达不到应有的调味效果。

2. 适量原则

适量是指调料的用量合适和比例恰当。用量合适就是根据原料的数量来确定调料的用量，做到味的浓淡不变。比例恰当，就是根据菜肴的滋味要求，来确定各种调料之间的比例，严格控制调料比例，保证每次烹调同一种菜肴时滋味变化不大。

3. 特色原则

在酿菜的长期发展中，形成了许多各具风味特色的酿菜佳肴，各种酿菜也形成了不同的调味特色和相对固定的味型。因此，在烹调时要按照酿菜的品种调味，保持其风味特色。

4. 适口原则

味的调制变化无穷，但关键在于适口。所谓"物无定味，适口者珍"，"正宗"只是相对的，要以适应人的口味为前提。人的口味受着诸多因素的影响，如地理环境、饮食习惯、宗教信仰、性别、年龄、生理状态、劳动强度等，可谓千差万别。因此，菜肴的调味要因人而异，以满足不同人的口味要求。

四、调味的作用

1. 确定口味

酿菜的口味主要是通过调味实现的，虽然其他因素对菜肴口味也有一定的影响，但调味起着决定性作用。运用调味技术对各种调料进行合理搭配之后，可以形成多种多样的风味。

2. 去味解腻

有些原料带有腥味或其他异味，有些原料较为肥腻，必须通过调味才能除去或减少菜肴的异味和肥腻感。如一般用姜、葱等除去鱼的腥味。

3. 提鲜增味

有的酿菜原料具有较高的营养价值，但本身并没有什么滋味，除加入一些辅料外，主要靠调料提鲜增味，使之成为美味佳肴。

4. 杀菌保护

有的调料具有杀灭细菌或抑制细菌繁殖的作用，有的能减少维生素的流失，保护菜肴的营养价值，如葱、姜、蒜、盐等。

五、调味的时机

菜肴调味的时机分为加热前、加热中、加热后 3 种。

1. 加热前调味

加热前调味又称基本调味，其目的主要是使主料、辅料在加热前就具有基本的滋味（底味），同时改善其气味、色泽、硬度及持水性，多适用于加热中不宜调味或不能很好地入味的菜肴。酿菜馅料多在加热前进行基本调味。

2. 加热中调味

加热中调味又称定型调味，其特征为调味在原料加热容器内进行，目的主要是使菜肴所用的主料、辅料及调料的味道融合在一起，协调统一，从而确定菜肴的滋味。因此，加热中调味阶段是菜肴的决定性调味阶段，加热中调味主要适用于水烹法制作的菜肴，如南瓜花酿、豆芽酿、竹笋酿等。

3. 加热后调味

加热后调味又称辅助调味，是在菜肴起锅后上桌前或上桌后进行调味。加热后调味的目的是补充前两个阶段调味的不足，进一步增加菜肴风味。加热后调味适用的酿菜有春菜酿等。

六、调味的方法

根据入味方式，调味方法分为腌渍、分散、热渗、粘撒、跟碟等。这些方法可以单独使用，也可以根据菜肴的特点综合应用。

1. 腌渍调味法

腌渍调味法是将调料与主料、辅料拌和均匀，或者将主料、辅料浸泡在溶有调料的溶液中，等待一定时间使其入味的调味方法。所用调料主要有食盐、酱油、蔗糖、蜂蜜、食醋等。腌渍有两种形式：一种是干腌渍，即将调料干抹或拌揉在主料、辅料表面使其入味的方法，如玻璃扣酿的调味；另一种是湿腌渍，即将主料、辅料浸置于溶有调料的溶液中入味的方法，如鱼酿的调味。

2. 分散调味法

分散调味法是将调料分散溶解于汤汁等中的调味方法，多用于水烹菜肴的调味。对于肉馅等糜状原料采用分散调味法时，还须用搅拌的方法将调料和匀，有时要把固态调料事先溶解，再均匀拌入肉馅等之中。

3. 热渗调味法

热渗调味法是加热以使调料中的呈味物质渗入主料、辅料中的调味方法。此法常与分散调味法和腌制调味法配合使用。热渗调味法需要一定的加热时间以保证调味效果，一般加热时间越长，入味就越充分。

4. 粘撒调味法

粘撒调味法是将固体状态的调料以撒等方式黏附于主料、辅料表面，使其带味的调味方法。通常是将加热成熟后的主料、辅料置于颗粒状或粉末状调料中，让调料在主料、辅料上裹匀；也可将颗粒状或粉末状调料投入锅中，经翻动使调料在主料、辅料上裹匀；还可在菜肴装盘后再撒上颗粒状或粉末状调料。此法适用于炸茄盒等的调味。

5. 跟碟调味法

跟碟调味法是将调料盛入小碟成小碗中，随菜一起上桌，供用餐者蘸食的调味方法，多用于烤、炸、蒸、涮等技法制成的菜肴。跟碟调味法可以提供数种不同滋味的味碟，由用餐者根据喜好自选蘸食，可达到一菜多味的效果。这一调味方法比其他调味方法灵活性大，能同时满足不同人的口味要求。此法适用于生菜包等的调味。

 技能要求

咸鲜味的调制

一、操作准备

1. 原料准备：姜 10 g、葱白 10 g、盐 1 g、味精 1 g、骨头汤 150 g、食用油 5 g。
2. 器具准备：炉灶、锅、炒勺、砧板、菜刀、调味勺、调味碗。

二、操作步骤

步骤 1 将姜、葱白切成粒。
步骤 2 起锅烧油，下姜、葱粒炒香，加骨头汤，下盐、味精调味，烧开后校味，倒入调味碗中。

三、注意事项

炒姜、葱粒时火力不能太大，要炒出香味后再加骨头汤。

浓香味的调制

一、操作准备

1. 原料准备：姜 15 g、葱白 15 g、五香粉 1 g、盐 1 g、味精 1 g、腐乳 5 g、生抽 2 g、老抽 1 g、骨头汤 150 g、食用油 5 g。

2. 器具准备：炉灶、锅、炒勺、砧板、菜刀、调味勺、调味碗。

二、操作步骤

步骤 1 将姜、葱白切成粒。

步骤 2 起锅烧油，下姜、葱粒炒香，加骨头汤，下盐、五香粉、味精、腐乳、生抽、老抽调味，烧开后校味，倒入调味碗中。

三、注意事项

1. 炒姜、葱粒时火力不能太大，要炒出香味后再加骨头汤。

2. 要严格控制好五香粉的用量，否则会出现不适口的味道。

学习单元 2

馅料制作技术

加入不同的调料可以使馅料呈现不同的口味，采用不同制作技艺则可以使馅料呈现不同的质感。

一、馅料的种类

按照所用原料属性分类，可以将馅料分成荤馅、荤素馅和素馅；按照原料的搭配分类，有香菇猪肉馅、韭菜猪肉馅、糯米猪肉馅等；按照馅料的口感分类，有松软馅、半脆馅、爽脆馅、鲜嫩馅等。馅料的加工形态有茸泥、粒、丝、块等。

二、馅料的作用

1. 影响酿菜的口味

酿菜的口味主要是由馅料来体现的，酿菜中馅料的占比较大，一般为 70%～80%；馅料的质量是评判酿菜质量的重要标准，而酿菜的口味主要是馅料口味的反映。

2. 影响酿菜的形态

馅料与酿菜的形态也有着密切的关系。馅料调制是否得当，对酿菜成熟后能否保持不走样、不塌形有着很大的影响。

3. 影响酿菜的特色

酿菜的特色，除与酿皮、成型加工方式和熟制方法等有关外，与所用馅料也密切相关。

4. 影响酿菜的品种

同一种酿皮，使用不同的馅料，能够酿制成不同品种的酿菜。

三、馅料的口感

馅料成熟后的口感由原料种类、调制方法及烹调方式决定。根据需要，可以调制松软馅、半脆馅、爽脆馅、鲜嫩馅等不同口感的馅料。

制作松软口感的馅料可选择糯米或芋头作为原料，如苦瓜酿的馅料中加入了泡发的糯米。馅料呈现脆性则主要有两方面原因，一是原料本身具有爽脆的口感；二是肉馅经过搅打在食盐和磷酸盐的作用下，肉中的盐溶性蛋白质被完全提取，使瘦肉、水、脂肪及其他物质形成稳定的凝胶结构（即上劲），使肉馅在加热后呈现脆性。在盐溶性蛋白质提取过程中，肉馅的温度控制很关键，当温度在 6~8 ℃时效果较好，如果肉馅在高速打浆状态下升温很快，就不能形成很好的凝胶结构。

四、馅料的制作方法

馅料的制作方法主要有搅、摔、拌 3 种。

1. 搅

搅是指用手工方式或设备以一定的速度和力量将馅料往同一方向搅动，使其上劲的方法。搅打速度应由慢到快。而为了防止因搅打导致温度上升，使蛋白质受热变性，可以加冰水控制原料的温度。

2. 摔

摔是以一定的速度和力量将成团的馅料往某个方向掷出，使馅料上劲的方法。一般在搅打上劲后再进行摔打，可以增强上劲的程度。

3. 拌

拌是指无规则地搅动馅料以使馅料的各种原料均匀的方法。

技能要求

松软馅制作

一、操作准备

1. 原料准备：猪肉末 100 g、糯米 50 g、切碎的紫苏叶 10 g、青椒粒 20 g、姜粒 5 g、葱粒 5 g、盐 1 g、胡椒粉 0.3 g、香油 1 g。

2. 器具准备：大海碗、调味勺、一次性手套、蒸笼、炉灶。

二、操作步骤

步骤 1　将糯米淘洗干净，上笼蒸熟后取出备用。

步骤 2　将猪肉末放入大海碗中，加入切碎的紫苏叶、青椒粒、姜粒、葱粒、盐，戴上一次性手套，将原料拌匀即可。

步骤 3　加入熟糯米、胡椒粉、香油，拌匀即可。

三、注意事项

1. 要把握好糯米蒸制时间，确保熟透。
2. 猪肉馅不需要搅打上劲，拌匀即可。

半脆馅制作

一、操作准备

1. 原料准备：猪肉末 250 g、马蹄粒 150 g、姜粒 5 g、葱粒 5 g、盐 1 g、胡椒粉 0.5 g、生抽 5 g、蚝油 5 g、生粉 5 g、香油 1 g。

2. 器具准备：冰箱、大海碗、调味勺、一次性手套。

二、操作步骤

步骤 1　将冷藏至 5 ℃的猪肉末放入大海碗中，加盐，戴上一次性手套，顺时针方向搅打上劲。

步骤 2　分次加入马蹄粒、姜粒、葱粒、胡椒粉、生抽、蚝油、生粉、香油，拌匀即可。

三、注意事项

1. 猪肉应选择肥瘦相间的,肥瘦比一般为 3∶7。
2. 马蹄粒规格应适中,约为 $0.3\ cm^3$,避免影响口感。

爽脆馅制作

一、操作准备

1. 原料准备:鲜牛肉 300 g、生粉 35 g、盐 3 g、味精 3 g、白糖 1 g、小苏打 0.6 g、胡椒粉 1 g、陈皮末 0.5 g、清水 20 g。
2. 器具准备:绞肉机、不锈钢盆、保鲜膜、调味勺、一次性手套、冰箱。

二、操作步骤

步骤 1 将牛肉洗净后剔净筋膜,用绞肉机绞 3 遍,倒入不锈钢盆内,覆保鲜膜,放入冰箱冷藏 2 h。

步骤 2 加入盐、味精、白糖、小苏打、胡椒粉,戴上一次性手套,搅打上劲。

步骤 3 生粉用 20 g 清水调匀,分数次倒入牛肉馅中拌匀,搅打至上劲且用手摸有弹性时,覆保鲜膜放入冰箱中冷藏 4 h。

步骤 4 将冷藏的牛肉馅取出,加入陈皮末拌匀即可。

三、注意事项

1. 搅打牛肉馅时,一定要顺一个方向搅动,否则牛肉馅难以上劲。
2. 搅打好的牛肉馅至少要在冰箱中冷藏 4 h,目的是增加牛肉馅的持水性。

练习题

1. 酿菜常用馅料的分类方式有哪几种?
2. 馅料的常用制作方法有哪几种?
3. 制作松软馅可以使用哪些原料?
4. 如何调制爽脆馅,其操作要领是什么?
5. 调制松软馅、半脆馅、爽脆馅的方法有什么区别?
6. 调制一款爽脆馅。

培训任务 4

酿制技法

酿制技法是指使用包、捆、盖、填、夹和塞等手法将馅料和酿皮制作成酿菜生坯的操作过程。

一、包酿

包酿是指用片状的酿皮包裹馅料制成酿菜生坯的一种酿制技法。按照酿皮的生熟，包酿技法制作的酿菜生坯可分为生包类生坯和熟包类生坯。包酿的要求是生坯大小、外形一致，包裹严实不露馅。运用包酿技法酿制的酿菜品种有春菜酿、蛋饺酿、粉皮酿、玻璃扣酿等。

二、捆酿

捆酿是指用条状酿皮将馅料围起，再用葱叶、韭菜等具有韧性的原料扎紧酿皮两端制成酿菜生坯的一种酿制技法。捆酿所用酿皮多为条状原料，也可将原料加工成条状再进行酿制。运用捆酿技法酿制的酿菜品种有金针菇酿、豆角酿等。

三、盖酿

盖酿是指将馅料覆盖在酿皮上制成酿菜生坯的一种酿制技法。按照生坯形状划分，盖酿技法制作的酿菜生坯可分为平面类生坯和凸面类生坯。盖酿的要求是生坯大小、外形一致。运用盖酿技法酿制的酿菜品种有丝瓜酿、水豆腐酿、冬瓜酿等。

四、填酿

填酿是指将馅料填充在酿皮的凹窝里制成酿菜生坯的一种酿制技法。酿皮的凹窝可以是自然形成的，也可以是加工后形成的。填酿技法所制生坯的特征是馅料少于酿皮。填酿时馅料应填满酿皮凹窝，成型后馅料与酿皮持平或高于酿皮。运用填酿技法酿制的酿菜品种有丝瓜酿、水豆腐酿、冬瓜酿、香菇酿等。

五、夹酿

夹酿是指将馅料夹在两片或多片酿皮之间制成酿菜生坯的一种酿制技法。按照酿皮的形状，夹酿可分为连刀片夹酿和断刀片夹酿。按照酿皮的片数，夹酿可分为两片夹和多片夹。夹酿的要求是生坯大小、外形一致。运用夹酿技法酿制的酿菜品种有萝卜酿、莲藕酿、茄子酿、同安扣肉酿等。

六、塞酿

塞酿是指将馅料塞进中空的酿皮里制成酿菜生坯的一种酿制技法。塞酿技法所制生坯的特征是馅料塞满酿皮而且馅料外露。运用塞酿技法酿制的酿菜品种有苦瓜酿、油豆腐酿、南瓜花酿、田螺酿、鱼酿、青蒜酿、竹笋酿等。

从上述酿制技法的介绍中可以看出，同一种原料可以采用一种或是多种酿制技法进行加工。例如冬瓜作为酿皮时，在冬瓜片的平面上放上馅料，就是盖酿；在冬瓜某一个面挖出一个小窝，放入馅料，就是填酿；冬瓜切成连刀片或断刀片，将馅料夹在冬瓜片中间，就是夹酿。判断酿制技法，既要看操作动作又要看生坯形状。在餐饮经营中，则根据市场需求来确定采用何种酿制技法。

技能要求

包酿

一、操作准备

1. 原料准备：春菜叶 10 张、糯米馅 150 g。
2. 器具准备：菜刀、砧板、盘子。

二、操作步骤

步骤 1　制作酿皮

（1）取一张春菜叶，用刀尖将叶柄划尖。取另一张春菜叶，去除叶柄后留下 18~20 cm 的菜叶。

（2）将叶柄划尖的春菜叶叶柄朝外摆放在底部，去除叶柄的春菜叶与其垂直，横放在底部春菜叶的叶尾上。

步骤 2　摆放馅料

将馅料整理成长约 7 cm、直径约 4 cm 的圆柱形，摆放在上方的春菜叶上。

步骤 3　包制成型（见图 4-1）

（1）将上方春菜叶的两端向中间折起，将底部春菜叶向前卷包起来。

（2）卷包至距离划尖的叶柄约 1.5 cm 处，将叶柄折弯斜插入生坯中心处固定好。

图 4-1　包制成型

三、注意事项

1. 馅料的量应与春菜叶大小相宜，以能包紧不露馅为宜。
2. 卷包时应包紧，否则会散开。
3. 划尖的叶柄应斜插入酿菜生坯中心，避免烹调时散开。

捆酿

一、操作准备

1. 原料准备：黄豆芽 200 g、猪肉馅 200 g、韭菜 20 根。
将黄豆芽、韭菜洗净备用，黄豆芽择除根部，韭菜放入 80 ℃以上的热水中烫软。
2. 器具准备：菜刀、砧板、盘子。

二、操作步骤

步骤 1　制作酿皮

（1）在砧板上平行铺两根烫软的韭菜，间距 7～8 cm。
（2）将黄豆芽排放在烫软的韭菜上，头部统一朝向一侧。

步骤 2　放置馅料（见图 4-2）

将馅料搓成橄榄形，放置在黄豆芽上，再在馅料上面盖上一层黄豆芽。

步骤 3　捆扎成型（见图 4-3）

（1）将两根韭菜捆紧，扎成活结。
（2）将韭菜结过长的部分切除，使其整齐。将黄豆芽根部切整齐。

图4-2 放置馅料

图4-3 捆扎成型

三、注意事项

1. 应尽量选择长短一致的黄豆芽。
2. 黄豆芽排放间隙应均匀,两端尽量排放整齐。
3. 将韭菜扎成活结时不宜太用力,以扎牢固为宜,避免扯断韭菜。

盖酿

一、操作准备

1. 原料准备：冬瓜200 g、猪肉馅150 g、枸杞10颗。

将冬瓜、枸杞洗净备用,冬瓜去皮,枸杞在50 ℃水中烫软。

2. 器具准备：菜刀、砧板、盘子、勺子。

图4-4 制作酿皮

二、操作步骤

步骤1 制作酿皮（见图4-4）

将冬瓜切成约3 cm×2 cm×0.5 cm的片备用。

步骤2 覆盖馅料

（1）将馅料挤成20 g的剂子,搓圆覆盖在冬瓜片上,馅料约占冬瓜片面积的80%,形状如半球形,如图4-5所示。

图4-5 覆盖馅料

（2）在馅料上面点缀一颗枸杞。

三、注意事项

1. 酿皮大小、厚度要一致。
2. 馅料覆盖酿皮的面积要考虑美感，留白面积以 20%～30% 为宜。

填酿

一、操作准备

1. 原料准备：丝瓜 2 条、鱼茸馅 200 g。
将丝瓜洗净，去皮备用。
2. 器具准备：砧板、菜刀、不锈钢勺子、盘子。

二、操作步骤

步骤 1　制作酿皮

（1）丝瓜改刀成约 2 cm 长的段。
（2）用不锈钢勺子在丝瓜段的一面挖出凹坑，凹坑口面积约占丝瓜切面面积的 60%。

步骤 2　填充馅料（见图 4-6）

（1）将馅料填充入凹坑内，馅料应高出酿皮，高出的馅料如馒头状。
（2）将馅料表面抹光滑。

图 4-6　填充馅料

三、注意事项

1. 应将丝瓜棱角去除干净，但宜留下部分绿色皮。
2. 所选丝瓜应粗细相近，切段长短一致。

3. 凹坑应大小一致，留白面积以30%~40%为宜。填入的馅料量应一致。

连刀片夹酿

一、操作准备

1. 原料准备：冬瓜500 g、猪肉馅150 g。
将冬瓜洗净，去皮备用。
2. 器具准备：菜刀、砧板、盘子。

二、操作步骤

步骤1　制作酿皮

（1）将冬瓜改刀成高约3 cm、宽7~8 cm的长方块备用。

（2）将冬瓜外侧朝下放置，切成连刀片，片的厚度约为0.3 cm，进刀深度约为原料高度的4/5，如图4-7所示。

步骤2　夹酿馅料（见图4-8）

掰开冬瓜片，将馅料放入两片冬瓜之间后将其合紧。馅料呈饼状，占满夹层。

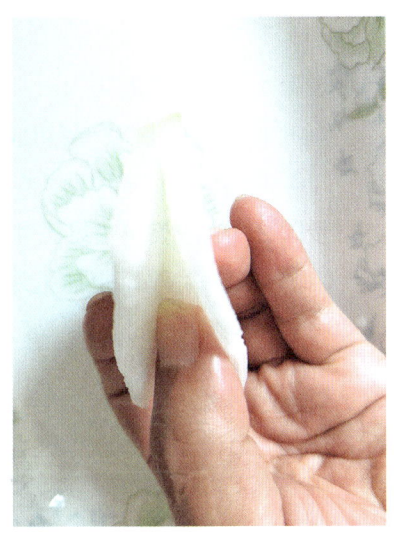

图4-7　将冬瓜切成连刀片

图4-8　夹酿馅料

三、注意事项

1. 进刀的深度要够深，且要一致。
2. 馅料应占满夹层，形状、大小均匀。
3. 连刀片可以是两片也可以是多片。

断刀片夹酿

一、操作准备

1. 原料准备：马蹄 12 个、虾肉馅 100 g。

将马蹄洗净，去皮备用。

2. 器具准备：片刀、砧板、盘子。

二、操作步骤

步骤 1　制作酿皮

（1）采用平刀法将马蹄切成大小一致的圆柱形。

（2）再将马蹄切成厚薄均匀的 3 片，每片厚 0.3～0.4 cm。

步骤 2　夹酿馅料（见图 4-9）

（1）在第一片马蹄上抹上虾肉馅。

（2）在馅料上叠上一片马蹄，再在马蹄上抹上虾肉馅，叠上第三片马蹄。

图 4-9　夹酿馅料

三、注意事项

1. 马蹄质地爽脆，应选用刀身薄的片刀，下刀动作要快，避免马蹄碎烂。
2. 酿制时，馅料的厚度可与酿皮的厚度相等，也可以比酿皮厚。

塞酿

一、操作准备

1. 原料准备：青椒 12 个、鱼胶馅 150 g。

将青椒洗净备用。

2.器具准备：菜刀、砧板、盆。

二、操作步骤

步骤1　制作酿皮（见图 4-10）

除去青椒柄和心。

步骤2　塞酿馅料

（1）将馅料塞进青椒内，直至填满，如图 4-11 所示。

（2）将青椒口的馅料抹平。

图 4-10　制作酿皮

图 4-11　将馅料塞进青椒内

三、注意事项

1. 塞酿时可使用裱花袋或挤馅筒挤馅料。

2. 如使用裱花袋挤馅料，出料口不宜过大，大小应与酿皮尺寸相宜。

练习题

1. 什么是包酿、盖酿、填酿、夹酿和塞酿技法？

2. 包酿、盖酿、填酿、夹酿和塞酿分别适用于哪些酿菜的制作？

3. 进行包酿、盖酿、填酿、夹酿和塞酿时应注意哪些问题？

培训任务 5

烹调方法

学习单元 ①

烹调基础知识

烹起源于火的利用，调起源于盐的利用，在传统的认识中烹调就是加热调味。但是随着技术的进步，烹调的内涵逐渐丰富起来。

一、烹调的概念

烹调是指运用加热、制冷、发酵等制作方法和各种调味方式将加工、搭配后的烹饪原料制成不同质感、带有不同汤汁的菜肴的操作过程。烹调包含两个主要内容，一个是"烹"，另一个是"调"。最初"烹"就是指加热，现在随着技术的发展，烹的内涵在不断丰富，除了加热还有制冷、发酵等菜肴制作方式。"调"就是调味，即运用调味技术，使菜肴滋味可口。"烹"和"调"是菜肴制作工艺的核心，直接决定着菜肴的品质和风味特点。

根据传热介质，烹调方法可分为油烹法、水烹法、气烹法和其他特殊烹调方法。酿菜的烹调方法中，油烹法主要有炸、煎，水烹法主要有灼、煮、焖、烧，气烹法主要有蒸、扣，其他特殊烹调方法主要指微波、制冷、发酵、熏等。

二、火候

广义的火候是指在一定时间范围内，在不变或一系列连续变化的温度条件下，原料在制熟过程中经不同热量传递方法从传热介质中获得的有效热量的总和。火候由热源火力、传热介质和加热时间 3 个要素决定。这 3 个要素在烹制工艺中相互联系，相互制约，构成若干火候形式，不同的火候形式具有不同的功效。热源火力可分为大、中、小 3 档，传热介质温度可分为高、中、低 3 档，加热时间可分长、中、短 3 档，理论上组合可以得到 27 种不同的火候形式。

狭义的火候专指热源火力的大小。烹制酿菜的火候按火力大小大致可分为 4 种，即旺火、中火、小火和微火，见表 5-1。

表 5-1　　　　　　　　　　酿菜烹制火候

火候种类	适用原料	对应质感	适宜的烹调方式	加热时间	适用酿菜
旺火	质嫩、形小的原料，新鲜蔬菜	滑、脆、嫩	炸、爆、炒	短	玻璃扣酿等
中火	形体略大的原料	酥、烂	炒、煮、蒸	较长	青椒酿、同安扣肉酿等
小火	质老、形大的原料	酥、烂、脆	炖、焖	长	苦瓜酿等
微火	形大、带壳的原料	酥、烂、脆	煎	长	蛋酿等

三、汤汁和口感

使用的烹调方法不同，菜肴呈现的汤汁状态和口感也不同。酿菜的汤汁状态和口感受所采用的烹调方法影响，也就是说同样的酿菜生坯，采用不同的烹调方法，其汤汁状态和口感是不一样的。例如南瓜花酿，采用煮的烹调方法，菜肴中半菜半汤；采用蒸的烹调方法，汤汁是玻璃芡；采用烧的烹调方法，芡汁紧，约占菜肴量的 15%，呈现淡酱色，菜肴口感软；采用焖的烹调方法，芡汁宽，占菜肴量的 25%，呈现淡酱色，菜肴口感软糯。

火候与酿菜的汤汁状态和口感也有一定的关系，口感软糯的多是长时间小火成菜，口感爽脆的多是短时间旺火成菜；汤汁多的，短时间成菜用旺火，长时间成菜用小火。

练习题

1. 什么是烹调？
2. 常用的火候分哪几种？
3. 旺火适合烹制什么酿菜？

学习单元 2

油烹法

　　油烹法是以食用油为主要传热介质将烹饪原料加热至成熟的烹调方法。由于油锅的加热温度较高，传热速度较快，因此原料能够快速成熟。油烹法能够改变原料的质地，增加酿菜的香味，在酿菜烹制中应用广泛。平乐十八酿制作中，常用的油烹法主要有炸、煎两种。

一、炸

1. 概念

　　炸是对原料进行初加工、基本调味等处理后，将半成品原料放入中、高油温的油锅中加热成菜的烹调方法。成品可以直接食用，也可以配味碟佐食。成品干爽无汁，具有香、酥、脆、嫩的特点。炸的种类较多，有清炸、干炸、脆炸、香炸、酥炸、软炸之分。酿菜制作主要运用的是脆炸和酥炸这两种炸法。

2. 工艺流程

3. 操作要领

（1）炸所用的油量较多，一般为原料量的3~4倍，油量过少会影响酿菜的质量。

（2）炸时应严格控制油温，根据炸制方法和原料性质灵活掌握。脆炸、酥炸的油温不相同。

（3）炸时要控制好火候，掌握好复炸。一般先用旺火、中油温炸定型，再用旺火复炸成熟后升高油温炸至上色。复炸不仅可以使制品变脆变酥，还可以逼出原料中多余的油脂，使菜品干爽酥脆。

（4）原料加热前调制的底味要偏淡，要掌握好料酒用量。

4. 适用酿菜

炸适用于茄盒酿、玻璃扣酿等菜肴的制作。

二、煎

1. 概念

煎是对原料进行初加工、基本调味等处理后，将半成品原料排放在有少量油的热锅内，用中、小火均匀加热，使原料表面呈金黄色、微有焦香、肉软嫩且熟，再调味而成菜的一种烹调方法。

2. 工艺流程

3. 操作要领

（1）煎制的原料多加工成扁平状，以保证原料可在短时间内成熟，呈现煎菜特有的质感。

（2）煎菜入锅前大多经拍粉或拖蛋液，有些剁成泥状的原料中也要加入生粉和鸡蛋，以增加粘连性，辅助成型，形成松嫩口感。

（3）煎菜一般要在下锅之前进行调味，绝大多数是咸鲜味，主要调料有葱姜汁、盐、料酒、胡椒粉、味精等。煎菜以鲜、香、嫩为主要特色，煎后还须烹汁调味或在装盘后配味碟佐食。

（4）煎所用的油量较少，须掌握好火候，不能用旺火煎，否则易出现外表焦煳而内部不熟的现象。

（5）煎时要勤翻动原料，并且要使原料加热至两面金黄、色泽一致。

4. 适用酿菜

煎适用于鱼酿、蛋酿等菜肴的制作。

技能要求

判断油温

一、操作准备

1. 器具准备：炉灶、锅。
2. 设备准备：测温计。
3. 原料准备：食用油 750 g。

二、操作步骤

步骤 1　冷油下锅

干净的锅内倒入冷油，小火加热。

步骤 2　测温

将测温计的测温线对准油锅的中心位置，或将测温计的探针插到指定的深度，观察测温计显示温度的变化，如图 5-1 所示。

图 5-1　测油温

三、注意事项

1. 搅拌锅内的油，避免由于受热不均匀导致热油飞溅出来或测出的温度不准确。
2. 根据测温计的使用要求规范测量。
3. 反复练习，最终掌握感官判断油温的方法。

判断锅温

一、操作准备

1. 器具准备：炉灶、锅。

2. 设备准备：红外测温计。

二、操作步骤

步骤1 烧锅

锅洗净，置于炉灶上，火候调至小火。

步骤2 测温

将红外测温计的测温线对准锅的中心位置，观察测温计显示温度的变化，如图5-2所示。

三、注意事项

1. 测温计有一定的测量范围，应在测量范围内测试。
2. 锅应洗净。
3. 反复练习，最终掌握感官判断锅温的方法。

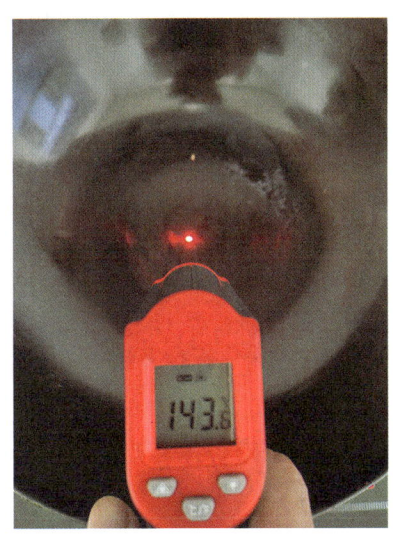

图 5-2 测锅温

练习题

1. 什么是炸的烹调方法？
2. 什么是煎的烹调方法？
3. 炸和煎有什么区别？
4. 炸、煎分别适于烹制哪些酿菜？
5. 如何才能掌握好油温和锅温？

学习单元 ③

水烹法

水烹法是以水或汤汁为传热介质将烹饪原料加热至成熟的烹调方法。常温常压下，水的沸点是 100 ℃，加热温度较低，利用水的对流原理加热原料可以保持原料原有的质地和风味，水渗透原料能够增加原料的嫩度。这一烹调方法烹制的菜品汤醇味美，能使不同的原料呈现鲜嫩爽脆或酥烂的特色。酿菜制作中，常用水烹法主要有灼、煮、焖、烧 4 种。

一、灼

1. 概念

灼是将原料放入沸水或汤中烫至刚熟直接食用的烹调方法。灼制的菜肴可以直接食用，也可蘸酱汁食用，这类酿菜具有质地鲜爽、色泽自然的特点。

2. 工艺流程

3. 操作要领

（1）选料要新鲜，原料质地要脆嫩。灼的加热时间极短，宜选用质地脆嫩的动、植物性原料或将原料加工成极薄的片、丝或对原料进行花刀处理，还可将原料制成茸泥搅打上劲，挤成圆球状后灼制。

（2）应掌控好灼制时间。灼的原料比较新鲜、脆嫩，灼制时间过短，会造成原料未熟，达不到食用基本条件；灼制时间偏长，容易使原料失去原有口感和良好的色泽。

二、煮

1. 概念

煮是原料入锅，添汤加水，加热制成半菜半汤馔菜的烹调方法。

2. 工艺流程

3. 操作要领

（1）选料要新鲜。原料选择新鲜、腥膻味不重的。凡有腥膻味的原料，都必须先焯水或用其他初步熟处理方法处理。

（2）灵活运用火候。成品要求汤汁清澈的不能用旺火或中火加热；要求汤汁醇浓的应用旺火加热，不能用中火和小火。原料老韧的用小火加热，原料鲜嫩的则用旺火或中火加热，并及时出锅，以免影响菜肴质量。

（3）汤水比例恰当。煮菜用汤还是水，应视原料的情况而定，一般而言，用汤较多。有时为了突出原料本味，不宜加汤，而应加水，例如煮鱼、煮鸡时。汤水量要一次加准，避免中途再次添加，影响馔菜风味。

三、焖

1. 概念

焖是在经初步熟处理的原料中加汤水及调料，以中、小火加热至软熟的烹调方法。焖制馔菜加热时间相对较长，成品具有形态完整、汁浓味醇、软嫩鲜香的特点。原料

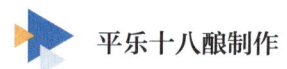

与汤水的量之比一般为 3∶1。

2. 工艺流程

3. 操作要领

（1）选用合适的初步熟处理方法。应根据菜品质量要求和原料质地采用合适的初步熟处理方法，如走油、走红、油煎、煸炒、焯水、蒸等，初步熟处理时有挂糊与不挂糊之别。

（2）盖紧锅盖。焖制时应盖紧锅盖，避免汤汁蒸发过多，以确保味浓。应尽量减少揭锅盖的次数，以保证酿菜的色、香、味佳。

（3）掌握好汤水的用量。所加入的汤水原则上以淹没原料为度，切勿在中途添加汤水，同时要防止粘锅和焦底。

四、烧

1. 概念

烧是指在经过初步熟处理的原料中加入调料和汤水，烹制至汤汁浓稠（可用生粉勾芡至汤汁浓稠）的一种烹调方法。根据操作过程的不同，烧可分为红烧和干烧；根据所加调料不同，还可以分为红烧、白烧、酱烧和葱烧等。酿菜制作中主要采用红烧。

2. 工艺流程

3. 操作要领

（1）烧制时注意火候，不同阶段使用的火候不一样。红烧的火候变化一般为旺火—中火—小火—旺火。

（2）为保证酿菜形状完整，在烧制过程中应少翻动，勾芡时要注意芡汁的浓稠度。

（3）控制好收汁时的火候，避免成菜变黑发暗。

练习题

1. 什么是灼的烹调方法?
2. 什么是焖的烹调方法?
3. 什么是煮的烹调方法?
4. 焖和烧有什么区别?
5. 灼和煮有什么区别?

学习单元 4

气烹法和其他特殊烹调方法

气烹法是以蒸汽为传热介质,将烹饪原料加热至成熟的烹调方法。酿菜制作中常用的气烹法为蒸、扣。除油烹法、水烹法、气烹法外,酿菜制作中还会用到微波等特殊烹调方法。

一、蒸

1. 概念

蒸是以蒸汽为传热介质使原料成熟的一种烹调方法。蒸能快速使原料成熟并且最大限度减少营养素流失,是酿菜制作常用的烹调方法。

2. 工艺流程

原料入笼屉蒸制 → 出笼成菜

3. 操作要领

(1)用料要新鲜,加热前要调味。如果原料不新鲜或稍有异味,蒸制成熟后,这些缺陷会暴露无遗。成菜要求熟嫩的，一般选用形体不大或者比较易熟的原料，调味后应立刻蒸制，以免调料渗入后原料中的水分外溢而影响质量；成菜要求酥烂的，一般选用质地韧且富含蛋白质或脂肪的原料。

（2）控制好火候。成品要求鲜嫩的，一般应采用沸水、旺火速蒸，断生即可；成品要求酥烂的，一般应采用沸水、中火长时间蒸。蒸制的加热时间短则几分钟，长则数小时。

二、扣

1. 概念

扣是将加工处理好的动、植物生原料或半成品在扣碗中排放、堆砌成型，蒸至成熟后，反扣在盘中，原汁勾芡或淋汤的烹调方法。扣制的酿菜用料较为广泛，菜肴造型细致整齐、色泽悦目。

2. 工艺流程

3. 操作要领

（1）原料刀工处理要整齐。
（2）腌制调味时间应控制在 30 min 内。
（3）原料放入扣碗中时应排放整齐并压紧，以免变形。
（4）反扣时应先旋转扣碗，使原料脱离扣碗后再将扣碗拿起，保证造型的美观。

三、微波

1. 概念

微波是将原料置于微波炉内，选择相应的火力，将原料加热至成熟的一种特殊的烹调方法。微波的烹调方法有其特殊性，是对传统烹调方法的补充。

▶ 平乐十八酿制作

2. 工艺流程

3. 操作要领

（1）原料放入微波炉前需要调味腌制。

（2）盛装原料的餐具应使用微波炉专用餐具，不可用不锈钢等不能在微波炉中加热的餐具，以免发生事故。

练习题

1. 什么是蒸的烹调方法？
2. 什么是扣的烹调方法？
3. 什么是微波的烹调方法？
4. 蒸和扣有什么区别？
5. 微波的烹调方法有何特殊之处？

学习单元 5

酿菜装盘与装饰

酿菜装盘与装饰是酿菜制作的最后一个环节。好的装盘与装饰能够恰如其分地体现酿菜特色，也能掩盖酿菜本身的不足，将酿菜最美的一面呈现给食用者。装盘与装饰是酿菜成型有效的辅助手段。

一、酿菜装盘

酿菜装盘是指将烹制好的酿菜盛装至器皿之中的过程。酿菜装盘的基本方法有平行排列法、放射排列法、对称排列法等。

1. 平行排列法

平行排列法是指将组合或单件的片、条、块、卷等形态的酿菜成品，平行排列在盘中的装盘方法。

2. 放射排列法

放射排列法是指将单件的片、条、块、卷等形态的酿菜成品呈放射状排列在盘中，摆成圆形、扇形等造型的装盘方法。

3. 对称排列法

对称排列法是指将同色、同形、等量的酿菜对称地装盘，使之形成完全均衡的图形的装盘方法，一般用于成型美观、大小均匀一致的小型条状或块状菜品的装盘。

二、酿菜装饰

酿菜装饰是指利用酿菜主、辅料以外的原料，采用拼、摆、镶、塑等造型手段，在酿菜旁进行点缀或围边的美化方法。装饰使主菜更加突出、造型更加协调。

1. 酿菜装饰的基本要求

（1）以食用为前提，合乎卫生要求，不影响酿菜口味，尽量不要把装饰生料放于成熟的酿菜之上。

（2）选材要合理，与酿菜的色泽搭配要和谐，装饰后能诱人食欲、烘托气氛。

（3）刀工处理要得当，该细腻处应细腻，力求把细节做到位。

（4）装饰要突出主题，层次清楚，简洁明了，美观大方，不过分雕琢，不喧宾夺主。

（5）装饰要在极短时间内完成。

（6）尽量使用可利用的边角料，以节约成本。

2. 装饰物的类别及运用

（1）水果类。常用于酿菜装饰的水果有橙子、樱桃、苹果、菠萝、柠檬、西瓜、香瓜、香蕉、杧果、猕猴桃等，这些水果色彩各异，既可增色、组合成美观的造型，又可调节口味。

（2）蔬菜类。常用于酿菜装饰的蔬菜有胡萝卜、白萝卜、洋葱、青椒、黄瓜、莴笋等，这些蔬菜可刻成花卉等造型，形色兼美，效果甚佳。另外，姜、青蒜、香菜可切丝或利用其叶子，点缀炸制类酿菜，既有助于色形的调配，又能起到一定的调味作用。

3. 酿菜装饰的基本方法

酿菜常用的装饰方法有点缀和围边。

（1）点缀。点缀是常见的酿菜装饰方法，特点是用料少，往往起"画龙点睛"的作用。点缀是将少量加工后的原料点缀在菜肴旁边，与主菜形成对比与呼应，使菜肴重点突出的装饰方法。这一方法简单易做。酿菜制作中常用的点缀方法有以下几种。

1）对称式。对称式指在酿菜两旁对称地进行点缀，有双对称、多对称之分。装饰物主要为加工成一定形态的烹饪原料或艺术饰品。工整相对是对称式点缀的特点，可以避免繁杂和零乱。

2）鼎足式。鼎足式又称三点式，适用于圆形平盘盛装酿菜的装饰。装饰物可以为碧绿的黄瓜，辅以少许红椒，使菜肴造型赏心悦目。

3）花心式。花心式是指在菜肴的中心部位点缀花卉造型装饰物，如竹笋酿呈放射状摆在盘里，盘中心点缀鲜红的番茄制花卉。

4）边花式。边花式是指酿菜装盘后，在盘边一角的适当位置点缀花卉造型装饰物，并用绿色原料衬托。方法简单，便于操作。边花式多用于炸、烧等烹饪方法制作的无汤汁或汤汁少的酿菜的装饰。常用装饰物有鲜花、果蔬雕刻的花或牙签串花等。

（2）围边。围边与点缀的区别在于，点缀用料少，而围边用料较多，通常是将装饰物围成一定的大块形图案。围边按围边方式分有半围、全围、单边围等，按用料分有生料围和熟料围，按造型分可分成平面造型围边和立体造型围边。

1）平面造型围边。平面造型围边是将菜肴盛装在餐具中间，将片状、丝状围边材料围绕菜肴摆放的一种围边方法。按其所围圆是否完整有平面半圆形造型围边和平面圆形造型围边两种。

2）立体造型围边。立体造型围边是将小型立体食品雕刻作品与其他原料组合起来对菜肴进行围边的一种装饰方法。

技能要求

平行排列法装盘

一、操作准备

1. 器具准备：8 寸[①]腰碟。
2. 原料准备：丝瓜酿 12 件。

二、操作步骤

将蒸熟的丝瓜酿趁热按照 3×4（每列 3 个，共 4 列）的规格在腰碟中摆好，即可成菜，如图 5-3 所示。

---

① 1 寸 ≈ 3.33 cm

三、注意事项

1. 丝瓜酿蒸熟后比较软嫩，装盘时动作要轻柔，可用铲子装盘。
2. 装盘时行间距、列间距要相等，根据需要可以调整成品的件数、间距。
3. 为保证菜肴的美观与整体效果，有芡汁的菜肴淋芡汁不宜过多。

图 5-3　平行排列法装盘

放射排列法装盘

一、操作准备

1. 器具准备：8寸圆碟。
2. 原料准备：油条酿13件。

二、操作步骤

将炸制好的油条酿呈放射状整齐地在圆碟中摆成一圈，如图5-4所示。

三、注意事项

1. 油条酿的长短、粗细都要一致。
2. 圆柱状、条状的菜品均可使用放射排列法装盘。

图 5-4　放射排列法装盘

花心式点缀装饰

一、操作准备

1. 器具准备：8寸圆碟、雕刻刀、砧板。
2. 原料准备：黄瓜、胡萝卜。

二、操作步骤

步骤 1　装饰物加工

（1）取一段胡萝卜，用雕刻刀刻成月季花状。

（2）将一段黄瓜纵向一切为四，取 1/4 批去瓜肉，留下黄瓜皮，将黄瓜皮切成菱形片后加工成凤尾形。

步骤 2　摆盘

在圆碟正中摆一朵胡萝卜花定位，再将 4 片凤尾形黄瓜片呈放射状整齐摆放在四周，如图 5-5 所示。

图 5-5　花心式点缀装饰

三、注意事项

1. 加工凤尾形黄瓜片时，运刀要用力均匀，避免切断。
2. 将胡萝卜雕刻成花卉状需要有一定基本功，可以鲜花代替雕刻的胡萝卜花。

平面圆形造型围边装饰

一、操作准备

1. 器具准备：砧板、菜刀、8 寸圆碟。
2. 原料准备：胡萝卜、黄瓜。

二、操作步骤

步骤 1　装饰物加工

（1）将胡萝卜去皮，切成厚片后改刀成截面为正方形的条状，再改刀成菱形块状，最后切成菱形片。

（2）将黄瓜对半切开，切成薄片。

步骤 2　拼摆装饰物

将黄瓜片在靠近碟沿处摆成一圈。在两片黄瓜之间摆上一片菱形胡萝卜片，菱形的锐角对准黄瓜片交接处，如图 5-6 所示。

图 5-6　平面圆形造型围边装饰

平乐十八酿制作

三、注意事项

1. 胡萝卜片应厚薄均匀，呈菱形。
2. 若黄瓜太粗可以取直径的 1/3。

练习题

1. 装盘的概念是什么？
2. 装盘的方法有哪几种？
3. 平面造型围边与立体造型围边有什么区别？
4. 请设计 1 款平面半圆形造型围边装饰、1 款平面圆形造型围边装饰和 1 款立体造型围边装饰。

培训任务 6

平乐十八酿经典菜品制作

平乐十八酿制作

技能要求

菜包酿制作

一、操作准备

1. 主料准备：莜麦菜 500 g、糯米 300 g。
2. 辅料准备：猪臀肉 100 g、河虾米 20 g、油渣 30 g、食用油适量。
3. 调料准备：生抽 10 g、糖 5 g、盐 5 g、白胡椒粉 3 g、味精 5 g、料酒 5 mL、葱 5 g、姜 5 g、蒜 8 g。

二、工艺流程

酿皮制作 → 馅料制作 → 包酿成型 → 灼制成熟 → 装盘

三、操作步骤

步骤 1　酿皮制作

（1）将莜麦菜叶剥下洗净。

（2）将莜麦菜叶分为两份。将一半菜叶的叶柄用刀尖划尖（见图 6-1），另一半菜叶掐除叶柄部分。

（3）将叶柄划尖的菜叶摆放在底部，叶柄朝外。将掐除叶柄的菜叶横放在底部菜叶的叶尾上。

步骤 2　馅料制作

（1）预熟处理。糯米洗净后蒸熟晾凉，河虾米加姜、葱、料酒蒸 15 min 取出备用。

（2）原料加工。将猪臀肉剁成肉末炒熟，姜、葱、蒜切碎备用。

（3）调制馅料。肉末中加切碎的葱、姜、蒜拌匀，再加入熟糯米、河虾米、白胡椒粉、油渣、味精、盐、糖、生抽拌匀。

图 6-1　叶柄划尖的菜叶

步骤 3　包酿成型

（1）将馅料整理成长约 7 cm、宽约 4 cm、宽边为圆弧状后，摆放在菜叶上。

（2）将上方菜叶的两端向中间折起，再将底部菜叶向前卷包起来。

（3）卷包至距离划尖的叶柄约 1.5 cm 处，将叶柄折弯斜插入生坯中心处固定好。菜包酿生坯如图 6-2 所示。

步骤 4　灼制成熟

将生坯放入沸水中，灼 6~8 min 至成熟，捞出。

步骤 5　装盘

将灼熟的菜包酿用圆盘装好，将调好的味汁淋入即可。菜包酿成品如图 6-3 所示。

图 6-2　菜包酿生坯

图 6-3　菜包酿成品

四、注意事项

1. 把握好灼的火候，保持菜叶呈碧绿色。
2. 为保证馅料口感，馅料以糯米为主，其他原料的量不超过糯米的 50%。
3. 菜叶易碎，包酿时动作要轻柔。
4. 生坯大小要均匀。

泡椒酿制作

一、操作准备

1. 主料准备：泡椒 250 g、猪臀肉 100 g。
2. 辅料准备：糯米 150 g、干香菇 15 g、生粉 3 g、骨头汤适量、食用油适量。
3. 调料准备：糖 1 g、盐 3 g、胡椒粉 1 g、味精 2 g、蚝油 8 g、生抽 8 g、麻油 5 g、葱 25 g、姜 15 g。

二、工艺流程

三、操作步骤

步骤1　酿皮制作

去除泡椒蒂，开一个小口将泡椒内边角料去除干净，洗净捞起，沥干备用。

步骤2　馅料制作

（1）初加工及预熟处理。将猪臀肉洗净；糯米淘洗干净后用冷水浸泡60 min，蒸熟备用。

（2）刀工处理。将猪臀肉剁成末，葱、姜切粒，干香菇泡发后切粒。

（3）调制馅料。将猪肉末加盐拌匀，再加入熟糯米、香菇粒、葱粒、姜粒、糖、胡椒粉、味精、蚝油、生抽、麻油、食用油拌匀。

步骤3　填酿成型

将馅料填入泡椒内，压实备用。

步骤4　烧制成熟

（1）煎制封口。平底锅起锅烧油，放入泡椒酿生坯，将切面煎至金黄，封口备用。

（2）烧制成熟。另起锅烧油，放葱、姜炒香出味，加入骨头汤，将泡椒酿放入锅中，加蚝油、生抽、盐、糖调味，烧至全熟，勾芡，淋明油。

步骤5　装盘

先做好盘饰，再将烧制成熟的泡椒酿摆入盘中。泡椒酿成品如图6-4所示。

图6-4　泡椒酿成品

四、注意事项

1. 为保证成品饱满，填入馅料时可用筷子压实。
2. 煎制时注意把握好火候，切面应煎黄。
3. 出锅前稍留些汤汁，勾芡、淋明油以保证菜肴光泽度。

同安扣肉酿制作

一、操作准备

1. 主料准备：带皮猪五花肉 600 g、荔浦芋头 450 g。

2. 辅料准备：食用油适量。

3. 调料准备：生抽 10 g、糖 5 g、盐 5 g、胡椒粉 1 g、三花酒 20 g、腐乳 15 g、白醋 30 g、姜粒 15 g、葱花 15 g、葱白粒 15 g。

二、工艺流程

三、操作步骤

步骤 1 原料初加工

（1）荔浦芋头去皮洗净，晾干表面的水备用。

（2）带皮猪五花肉用火燎去毛，刮洗干净备用。

步骤 2 预熟处理

（1）将带皮猪五花肉放入冷水中煮熟捞出，擦干肉皮表面，用扣肉扎（锥）在肉皮上均匀地扎孔，将皮扎松弛，抹上盐、白醋晾干。

（2）芋头对剖后横切成约 1 cm 厚的片。

（3）起锅烧油至 150～180 ℃，带皮猪五花肉皮朝下放入油锅中炸至金黄色，翻面以低油温浸炸，去除多余油脂后捞出，放入原汤（煮肉的水）中浸泡 30 min。用 150～180 ℃ 油温把芋头片炸至表面呈淡黄色，捞出备用。

（4）将浸泡回软的带皮猪五花肉切成约 1.5 cm 厚的连刀片。

步骤 3 排放成型

（1）用腐乳、三花酒、盐、糖、生抽、胡椒粉等调料调配出复合调味汁，加入姜粒、葱白粒，倒入五花肉连刀片拌匀，腌制 30 min。

（2）选择合适的扣碗，将芋头片夹入腌入味的五花肉连刀片后肉皮朝下放入碗中，直至装满整个扣碗（见图 6-5），浇入复合调味汁。

步骤 4　蒸制成熟

将扣碗放入蒸笼。旺火烧开后用中火蒸制 50～80 min，待芋头和五花肉蒸至软糯香酥即可。

步骤 5　反扣装盘

将蒸好的扣肉取出，反扣入盘中，撒上葱花。同安扣肉酿成品如图 6-6 所示。

图 6-5　装入扣碗的同安扣肉酿生坯

图 6-6　同安扣肉酿成品

四、注意事项

1. 五花肉连刀片和芋头片大小、厚薄应均匀，且芋头片形状应比五花肉连刀片略小，方便夹入成型。

2. 生坯放入扣碗时切记要肉皮朝下，根据需要选择合适的排放方式。常见的排放方式有日字形、夹日形、丁字形等。

3. 根据口感需要决定蒸制时间的长短。

玻璃扣酿制作

一、操作准备

1. 主料准备：绿豆 500 g、猪肥膘肉 200 g。

2. 辅料准备：鸡蛋 3 个、面粉 200 g、生粉 100 g、小苏打 5 g、酵母 3 g、泡打粉 3 g、食用油适量。

3. 调料准备：盐 2 g、糖 100 g。

二、工艺流程

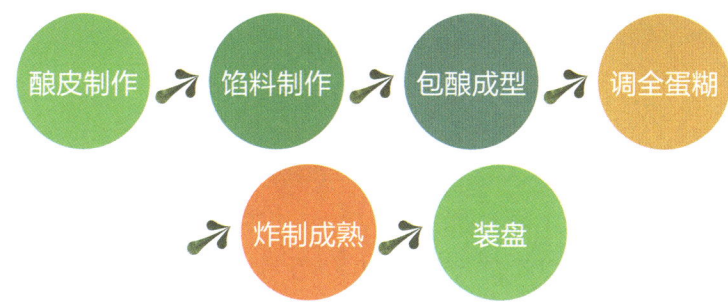

三、操作步骤

步骤 1　酿皮制作

将猪肥膘肉片成约 4 cm×4 cm×0.15 cm 的片备用。

步骤 2　馅料制作

（1）煮豆沙。将绿豆清洗干净，浸泡 2 h，放入锅中，加水至没过绿豆，加入小苏打，用旺火烧开后再用小火煮 20 min，趁热连水倒进筲箕，除去豆壳，捣成泥。

（2）炒豆沙。将绿豆沙倒入锅内，小火翻炒，直至出沙。

（3）调味。在炒好的绿豆沙中放入糖拌匀。

步骤 3　包酿成型

将肥膘肉片平铺，放上捏成 3 cm 左右橄榄形的绿豆沙条，包卷成圆筒状。

步骤 4　调全蛋糊

在大海碗或瓦钵中加入面粉、生粉、酵母、泡打粉，打入鸡蛋调散，加盐调匀成糊状备用。

步骤 5　炸制成熟

将生坯裹上全蛋糊后，下入 160 ℃油温的油锅中炸定型，捞出复炸成熟，再炸至金黄色。

步骤 6　装盘

将玻璃扣酿捞出装盘。玻璃扣酿成品如图 6-7 所示。

图 6-7　玻璃扣酿成品

四、注意事项

1. 炒绿豆沙时应小火翻炒，以免焦煳。
2. 猪肥膘肉可先放入冰箱冷冻至质硬，更易加工。

3. 油炸时注意对火候的把握，控制好成品成熟度和颜色。

鱼酿制作

一、操作准备

1. 主料准备：黄金鲤鱼 1 条（重约 750 g）。
2. 辅料准备：猪五花肉 200 g、干香菇 40 g、生粉 20 g、食用油适量、骨头汤适量。
3. 调料准备：盐 7 g、糖 3 g、蚝油 10 g、生抽 10 g、胡椒粉 3 g、料酒 15 g、姜 30 g、葱 50 g、红辣椒 10 g。

二、工艺流程

酿皮制作 → 馅料制作 → 塞酿成型 → 烹制成熟 → 装盘

三、操作步骤

步骤 1　酿皮制作

（1）初加工。黄金鲤鱼拍晕后刮去鱼鳞，除去鱼鳃。

（2）整鱼出骨、去肉。从鱼背部下刀，沿脊骨一侧割开，刀刃前端贴鱼皮运刀，将鱼皮与鱼肉分离至鱼腹处，再用同样的方法将另一侧鱼皮与鱼肉分离。用刀根分别在靠近鱼头、鱼尾处横切一刀，斩断脊骨。将鱼肉全部取出，鱼皮与鱼头、鱼尾仍能呈现一条完整鱼的形状。

（3）鱼肉留作它用，鱼皮内外用葱、姜、胡椒粉、料酒、盐腌入味备用。

步骤 2　馅料制作

（1）原料加工。将猪五花肉剁成粒；分别将水发后的香菇、姜、红辣椒、葱切成粒；鱼肉去净鱼刺，清洗干净后剁成末。

（2）在猪肉粒、鱼肉末中加盐，搅打上劲，加入香菇粒、葱花、姜粒拌匀，加入糖、盐、胡椒粉、蚝油、料酒、生抽调味，再加入生粉拌匀备用。

步骤 3　塞酿成型

将腌入味的酿皮擦干，再将馅料塞入鱼肚中，保持鱼的形状。塞酿成型的鱼酿生坯如图 6-8 所示。

步骤 4　烹制成熟

（1）净锅烧油至 180 ℃，将酿好的"鱼"拍生粉后下锅炸定型捞出，复炸上色。

（2）另起锅烧油，下姜、葱炒香出味，加骨头汤，加入适量调料，下"鱼"烧入味。

步骤 5　装盘

（1）将烧入味的"鱼"捞出装盘。

（2）原汁勾芡，淋明油后浇淋在"鱼"身上，撒上葱花和红辣椒粒。鱼酿成品如图 6-9 所示。

图 6-8　鱼酿生坯

图 6-9　鱼酿成品

四、注意事项

1. 整鱼出骨时刀尖应紧贴鱼皮，避免割破鱼皮，影响成菜质量。
2. 酿制时注意馅料用量，避免馅料太多撑破鱼皮。

田螺酿制作

一、操作准备

1. 主料准备：大田螺 500 g、猪前夹肉 200 g。

2. 辅料准备：酸辣椒 20 g、紫苏 10 g、酸笋 75 g、小青椒 1 个、小红椒 1 个、生粉 10 g、食用油适量。

3. 调料准备：糖 2 g、盐 5 g、蚝油 8 g、胡椒粉 2 g、姜 30 g、蒜 5 g、葱 25 g。

二、工艺流程

酿皮制作 → 馅料制作 → 塞酿成型 → 焖制成熟 → 装盘

三、操作步骤

步骤1　酿皮制作

（1）大田螺放盆里养1~2天，让其吐尽泥沙。

（2）将大田螺外壳用刷子刷干净，夹去尾部，用开水烫熟，挑出螺肉备用。螺壳留用。

步骤2　馅料制作

（1）葱、姜切粒。

（2）螺肉去除尾部，清洗干净，加姜粒用油轻轻爆香备用。

（3）猪前夹肉、螺肉及紫苏一起切碎，加姜粒、葱粒、胡椒粉、盐、蚝油调味，搅打上劲，再加生粉拌匀。

步骤3　塞酿成型

将馅料塞进洗干净的空螺壳中，塞紧，馅料稍稍比螺口高出一点。塞酿成型的田螺酿生坯如图6-10所示。

步骤4　焖制成熟

（1）蒜、酸辣椒、小青椒、小红椒切粒。

（2）酸笋切丝炒干水气备用。

（3）起锅烧油，下姜粒、蒜粒、酸辣椒粒爆香后，放酸笋、紫苏，加水，烧开后放入田螺酿生坯，加盐、糖、蚝油调味，中火焖制成熟，收干汁后加入紫苏、青红辣椒粒。

步骤5　装盘

将田螺酿盛出装盘。田螺酿成品如图6-11所示。

图6-10　田螺酿生坯

图6-11　田螺酿成品

四、注意事项

1. 为使田螺快速吐尽泥沙，可在盆里滴几滴油。
2. 填馅时一定要填紧，否则加热时馅料容易脱落。

油豆腐酿制作

一、操作准备

1. 主料准备：油豆腐 500 g、猪前夹肉 400 g。
2. 辅料准备：水发香菇 50 g、水发木耳 25 g、凉薯 80 g、生粉 10 g。
3. 调料准备：糖 2 g、盐 6 g、胡椒粉 1 g、蚝油 10 g、生抽 8 g、葱 5 g。

二、工艺流程

酿皮制作 → 馅料制作 → 塞酿成型 → 蒸制成熟

三、操作步骤

步骤 1　酿皮制作

在油豆腐的一面撕出一个正方形的口，掏出油豆腐内的豆腐渣。

步骤 2　馅料制作

（1）将猪前夹肉剁成末，分别将水发香菇、水发木耳、凉薯、葱切粒。

（2）猪肉中加盐拌匀，下辅料粒、葱粒拌匀，加入糖、盐、胡椒粉、蚝油、生抽调味，再加生粉拌匀备用。

步骤 3　塞酿成型

在撕开口的油豆腐中塞入馅料再盖上。

步骤 4　蒸制成熟

将酿好的油豆腐放入蒸箱蒸制约 20 min 取出。油豆腐酿成品如图 6-12 所示。

图 6-12　油豆腐酿成品

四、注意事项

填馅时也可不加盖，露出馅料。

蛋酿制作

一、操作准备

1. 主料准备：鸡蛋 6 个、猪后腿肉 300 g。
2. 辅料准备：去皮马蹄 80 g、食用油适量。
3. 调料准备：盐 5 g、味精 2 g、胡椒粉 1 g、生抽 5 g、葱 20 g。

二、工艺流程

三、操作步骤

步骤 1　馅料制作

（1）将猪后腿肉、马蹄洗净，葱洗净切成葱花。

（2）将猪后腿肉切成片后剁成大颗粒，加入拍碎的马蹄，再一起剁成末。

（3）肉馅中加入葱花、盐、生抽、味精、胡椒粉，拌匀备用。

步骤 2　调制蛋液

鸡蛋打入碗中，加盐打散，再加入食用油调匀。

步骤 3　包酿成型

（1）煎蛋皮。炉灶调小火，将茶锅或平底锅洗净炙好，锅留底油，倒入大半汤勺（约 15 mL）蛋液，迅速旋转锅，使蛋液形成圆形。

（2）加馅料。将一茶匙馅料整成橄榄形放在蛋皮的一侧，趁蛋液还未完全凝固，将蛋皮对折盖住馅料，稍压紧封口，形成半月形蛋酿，翻面将两面都煎成金黄色。包酿成型的蛋酿生坯如图 6-13 所示。

图 6-13　蛋酿生坯

步骤 4　蒸制成熟

将蛋酿生坯放入蒸箱蒸制约 8 min 取出。

四、注意事项

1. 可以根据所需口味在馅料中加入香菇、木耳等辅料。

2. 煎蛋皮时应保持小火,利用锅温将蛋皮煎成圆形,加入馅料后动作要轻柔,迅速将一侧蛋皮拿起,对折封口。

3. 蛋酿既可以单独成菜,也可作为火锅的烫菜。

水豆腐酿制作

一、操作准备

1. 主料准备：中老豆腐 6 块、猪后腿肉 150 g。

2. 辅料准备：水发香菇 30 g、韭菜 40 g、生粉 15 g、食用油适量、骨头汤适量。

3. 调料准备：糖 2 g、盐 6 g、胡椒粉 5 g、味精 3 g、生抽 10 g、蚝油 10 g、料酒 5 g、葱 10 g、红辣椒 15 g。

二、工艺流程

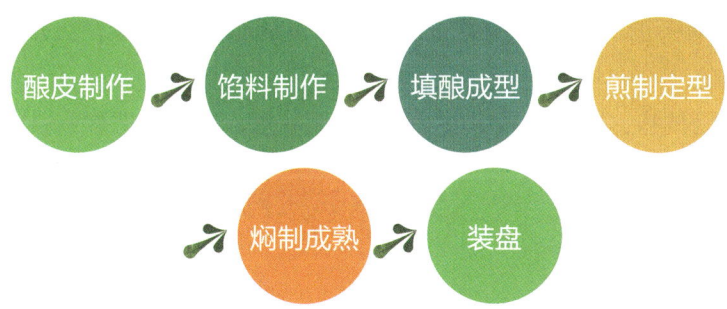

三、操作步骤

步骤 1　酿皮制作

豆腐切成三角形厚块,用刀从豆腐的切口处割开,形成口袋状,撒上生粉。

步骤 2　馅料制作

（1）按需分别将主、辅料洗净,猪后腿肉剁成末,水发香菇切粒,韭菜、葱切末。

（2）猪肉加盐拌匀,加入香菇粒、韭菜末、葱末拌匀,加入盐、生抽、味精、料酒等调料拌匀,再加入生粉搅打上劲备用。

步骤3　填酿成型

将馅料填入酿皮中,直至填满。

步骤4　煎制定型

(1)起锅烧油,在锅底薄薄撒一层盐,下生坯煎至金黄色。

(2)翻面将另一面也煎至金黄色捞出。

步骤5　焖制成熟

(1)原锅加入骨头汤,以没过豆腐为准,旺火烧开,再加糖、盐、生抽、蚝油、料酒、胡椒粉调味。

(2)中火焖制成熟。葱、红辣椒切粒。勾芡,淋明油,撒上葱花、红辣椒粒。

步骤6　装盘

将水豆腐酿盛出装盘。水豆腐酿成品如图6-14所示。

图6-14　水豆腐酿成品

四、注意事项

1. 豆腐比较软,操作时动作要轻,肉馅要一点点地塞进去。

2. 煎豆腐时为避免粘锅,应在锅底薄薄撒一层盐,热油下锅并及时晃动锅身。

3. 豆腐翻面时铲子和筷子结合,用铲子将豆腐铲到锅的边沿,用筷子轻轻夹着豆腐翻面。

4. 因馅料已调味,焖制时只需增加豆腐表面味道,应注意把握调料的用量。

竹笋酿制作

一、操作准备

1. 主料准备:竹笋350 g、牛肉120 g。

2. 辅料准备:韭菜30 g、生粉5 g、食用油适量、骨头汤适量。

3. 调料准备:盐5 g、糖2 g、生抽10 g、胡椒粉1 g、姜片8 g、葱粒8 g、蒜粒5 g、红辣椒粒15 g。

二、工艺流程

酿皮制作 → 馅料制作 → 塞酿成型 → 烧制成熟 → 装盘

三、操作步骤

步骤 1　酿皮制作

（1）竹笋洗净沥干，切成约 7 cm 的小段。

（2）用小刀从竹笋的第一个节处将竹笋划开，划至最后一个节上方，形成灯笼造型，注意不要划太深，否则影响入馅。

（3）锅中加水烧开，下竹笋焯水，捞出冲凉备用。

步骤 2　馅料制作

（1）牛肉绞成茸。韭菜洗净切成末，与牛肉茸混合，覆保鲜膜，放在 5 ℃冰箱中静置 1 h 备用。

（2）在牛肉韭菜馅里倒入食用油，加盐、糖、生粉、生抽、胡椒粉拌匀。

步骤 3　塞酿成型

将馅料从竹笋划开的缝隙处塞入。生坯呈灯笼形。

步骤 4　烧制成熟

（1）起锅烧油，下姜片、葱粒、蒜粒、红辣椒粒炒香出味。

（2）加入骨头汤，放入竹笋酿生坯，熬煮 15 min，烧至汤汁浓稠，勾芡，淋明油。

步骤 5　装盘

将竹笋酿盛出装盘。竹笋酿成品如图 6-15 所示。

图 6-15　竹笋酿成品

四、注意事项

1. 放入冰箱静置有利于馅料形成良好口感。
2. 用小刀划开竹笋时，每次下刀要到位，下刀位置应保持一致，利于塞馅及造型。
3. 因竹笋比较脆嫩，加工时动作要轻柔。

丝瓜酿制作

一、操作准备

1. 主料准备：丝瓜 500 g、猪肉 150 g。
2. 辅料准备：生粉 30 g、食用油适量。
3. 调料准备：盐 3 g、生抽 5 g、胡椒粉 1 g、姜 5 g、葱 10 g。

二、工艺流程

三、操作步骤

步骤 1　酿皮制作

丝瓜洗净去皮，切成约 2 cm 厚的圆柱形，用勺子掏去中间部分，留底。

步骤 2　馅料制作

（1）姜、葱洗净切粒。

（2）将猪肉绞成茸，放入碗中加盐、胡椒粉搅打上劲，加入姜粒、葱花拌匀，最后加入生粉拌匀，制成肉馅。

步骤 3　填酿成型

酿皮内侧撒生粉。取适量肉馅填入酿皮内，放入盘中。填酿成型的丝瓜酿生坯如图 6-16 所示。

步骤 4　蒸制成熟

将丝瓜酿生坯移入蒸锅中，用中火蒸 7 min 取出。

步骤 5　淋汁成菜

热锅烧油。撒葱花，淋热油，浇生抽即可。

图 6-16　丝瓜酿生坯

四、注意事项

掌握好蒸制的火候，蒸制时间过短或过长都会影响成菜质量。

柚皮酿制作

一、操作准备

1. 主料准备：柚子皮 4 片、猪前夹肉 250 g。
2. 辅料准备：生粉 5 g、食用油适量。
3. 调料准备：上汤 1 000 g、盐 4 g、糖 1 g、生抽 5 g、蚝油 5 g、胡椒粉 1 g、姜 15 g、葱 15 g、香菜 10 g。

二、工艺流程

三、操作步骤

步骤 1　酿皮制作

（1）柚子皮削去外表皮，在冷水中浸泡 8 h，以去除苦涩味。柚子皮焯水抓洗几次后用上汤煨 2 h，切成小三角形，侧边用刀割一个小口，形成口袋状。

（2）姜、葱切粒。

步骤 2　馅料制作

将猪前夹肉绞成茸，加盐搅打上劲，放入糖、生粉、胡椒粉、食用油拌匀备用。

步骤 3　填酿成型

将肉馅从柚子皮侧边的切口塞入，即成生坯，如图 6-17 所示。

图 6-17　柚皮酿生坯

步骤 4　炖制成熟

热锅下油，下姜粒、葱花炒香，放入柚皮酿生坯，加水没过生坯，旺火烧开，加盐、生抽、蚝油进行调味，再以小火慢炖直至柚皮软烂。

步骤5　装盘

盛出装盘，摆上香菜。柚皮酿成品如图6-18所示。

四、注意事项

1. 柚子皮外表皮苦涩味较重，加工时一定要削净。
2. 柚子皮焯水后要反复抓洗，以去除苦涩味，抓洗时避免抓破柚子皮。

图6-18　柚皮酿成品

芋头酿制作

一、操作准备

1. 主料准备：芋头350 g、猪肉250 g。
2. 辅料准备：干香菇30 g、鸡蛋2个、面粉150 g、生粉15 g、食用油适量。
3. 调料准备：盐3 g、生抽5 g、蚝油5 g、胡椒粉1 g、糖2 g、姜5 g、葱白10 g。

二、工艺流程

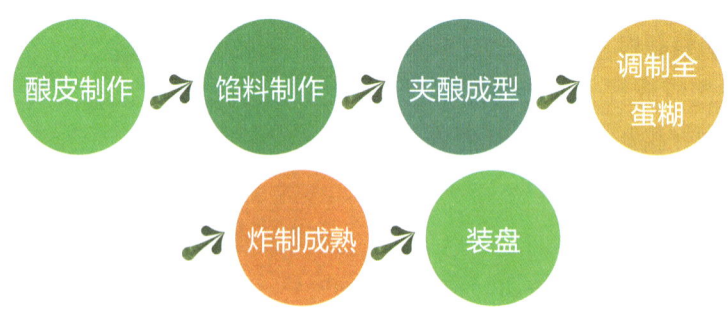

三、操作步骤

步骤1　酿皮制作

芋头去皮，对半切开，横切成连刀半圆片备用。

步骤2　馅料制作

（1）干香菇水发切粒，姜、葱白切粒。

（2）猪肉绞成茸，加盐拌匀。加入香菇粒、姜粒、葱白粒、胡椒粉、生抽、蚝油、糖调味拌匀。

步骤3　夹酿成型

（1）在芋头连刀半圆片内侧撒上生粉备用。

（2）将肉馅均匀地夹在酿皮内，摆整齐。夹酿成型的芋头酿生坯如图6-19所示。

步骤4　调制全蛋糊

鸡蛋磕开打匀，加入面粉、生粉、水、盐拌成糊状。

步骤5　炸制成熟

锅中烧油，将生坯裹上全蛋糊后放入油锅中炸制成熟。

步骤6　装盘

将芋头酿盛出装盘。芋头酿成品如图6-20所示。

图6-19　芋头酿生坯

图6-20　芋头酿成品

四、注意事项

1. 芋头应选用口感粉糯的品种。

2. 炸制时油温为160～180℃，油温过低容易脱糊，过高容易焦煳。

莲藕酿制作

一、操作准备

1. 主料准备：莲藕400 g、牛肉200 g。

2. 辅料准备：生粉5 g、食用油适量。

3. 调料准备：盐3 g、胡椒粉1 g、生抽10 g、糖1 g、葱25 g、红辣椒5 g。

二、工艺流程

酿皮制作 → 馅料制作 → 夹酿成型 → 蒸制成熟 → 淋汁成菜

三、操作步骤

步骤1　酿皮制作

莲藕洗净去皮，放入水中浸泡。将莲藕切成厚约0.3 cm的连刀片，放入水中浸泡备用，防止其氧化变色。

步骤2　馅料制作

牛肉绞成茸，加入盐搅打上劲，加生粉、食用油、胡椒粉、糖拌匀，冷藏静置60 min。

步骤3　夹酿成型

将腌制好的馅料酿入藕夹中，将生坯整齐地码放在腰碟中，如图6-21所示。

步骤4　蒸制成熟

放入蒸锅蒸15 min左右。

图6-21　莲藕酿生坯

步骤5　淋汁成菜

葱、红辣椒切粒，撒上葱花、红辣椒粒，热锅烧油浇淋在莲藕酿上，浇入生抽。

四、注意事项

莲藕削皮和切片后都要用水浸泡，以防氧化变色。

萝卜酿制作

一、操作准备

1. 主料准备：萝卜400 g、猪肉250 g。
2. 辅料准备：生粉5 g、食用油适量。
3. 调料准备：盐5 g、胡椒粉3 g、生抽10 g、味精2 g、姜10 g、葱10 g。

二、工艺流程

三、操作步骤

步骤 1　酿皮制作

萝卜去皮洗净，对剖直切成两半，再横切成约 0.4 cm 厚的连刀片。

步骤 2　馅料制作

姜、葱洗净切粒。猪肉剁成小粒，加盐搅打上劲，加胡椒粉、味精、生抽、姜粒、葱花、生粉、食用油搅拌均匀，静置 5~10 min。

步骤 3　夹酿成型

将肉馅酿入萝卜连刀片中，即成生坯。

步骤 4　蒸制成熟

放入蒸锅蒸 15 min 左右。出锅滗去水。萝卜酿成品如图 6-22 所示。

四、注意事项

1. 萝卜片不宜切得太薄，避免成熟后变形。
2. 萝卜酿在冬季食用口感较好。

图 6-22　萝卜酿成品

南瓜花酿制作

一、操作准备

1. 主料准备：南瓜花 12 朵、猪前夹肉 100 g。
2. 辅料准备：水豆腐 150 g、生粉 5 g、食用油适量。
3. 调料准备：盐 3 g、胡椒粉 1 g、料酒 10 g、生抽 10 g、味精 3 g、葱 20 g。

二、工艺流程

三、操作步骤

步骤 1　酿皮制作

把南瓜花梗、花蒂去除，将南瓜花和花梗洗净待用。

步骤 2　馅料制作

（1）猪前夹肉剁成小粒待用，水豆腐抓碎，葱切粒。

（2）在猪肉粒中加入抓碎的水豆腐、盐、胡椒粉、食用油、味精、生粉、料酒，拌匀后备用。

步骤 3　塞酿成型

南瓜花内放入馅料，用花瓣将馅料包好，再将花梗插在中间固定住花瓣。塞酿成型的南瓜花酿生坯如图 6-23 所示。

步骤 4　蒸制成熟

锅里放入水，待水开放入生坯蒸 6 min。

步骤 5　装盘淋汁

将南瓜花酿盛出装盘，撒上葱花，浇淋热油，倒入生抽。南瓜花酿成品如图 6-24 所示。

图 6-23　南瓜花酿生坯

图 6-24　南瓜花酿成品

四、注意事项

1. 花梗表皮有毛刺，加工时应去除。花蕊也要摘除。

2. 南瓜花的花瓣细嫩易碎，制作时动作要轻柔。

马蹄酿制作

一、操作准备

1. 主料准备：马蹄 15 个、虾茸 150 g。
2. 辅料准备：猪肥膘粒 30 g、枸杞 15 颗、生粉 5 g、食用油适量。
3. 调料准备：盐 2 g、胡椒粉 1 g、味精 2 g、姜粒 5 g。

二、工艺流程

三、操作步骤

步骤 1　酿皮制作

（1）将马蹄去皮，切成大小一致的圆柱形。

（2）将每个马蹄切成厚薄均匀的 3 片，每片 0.3～0.4 cm 厚。

步骤 2　馅料制作

在虾茸中加盐搅打上劲，加入猪肥膘粒、姜粒、盐、胡椒粉、食用油、味精、生粉，拌匀后备用。

步骤 3　夹酿成型

（1）在第一片马蹄上抹上馅料，馅料厚度与马蹄厚度一致。

（2）叠上一片马蹄，再在马蹄片上抹上馅料后盖叠一片马蹄，夹牢固。将生坯整齐摆放在盘中，如图 6-25 所示。

步骤 4　蒸制成熟

将生坯放入蒸箱中，小火蒸 5 min 至成熟。蒸制成熟的马蹄酿如图 6-26 所示。

步骤 5　装盘淋汁

将马蹄酿盛出装盘。原汁倒入锅内，加盐、味精、胡椒粉调味，勾芡，淋明油后浇淋在马蹄酿上，放上枸杞点缀。

四、注意事项

1. 马蹄质地爽脆，切马蹄时应选择刀身薄的片刀，下刀动作要快，避免马蹄碎烂。
2. 马蹄含水量比较多，蒸制时应把握好火候，避免蒸制时间过长导致馅料脱落。

图 6-25 马蹄酿生坯

图 6-26 蒸制成熟的马蹄酿

豆芽酿制作

一、操作准备

1. 主料准备：黄豆芽 200 g、虾茸 200 g。
2. 辅料准备：韭菜 20 根、猪肥膘粒 30 g、生粉 5 g、食用油适量。
3. 调料准备：盐 2 g、胡椒粉 1 g、味精 2 g、姜粒 5 g。

二、工艺流程

三、操作步骤

步骤 1　酿皮制作

黄豆芽洗净，韭菜焯水。

步骤 2　馅料制作

在虾茸中加盐，搅打上劲，加入猪肥膘粒、姜粒、胡椒粉、食用油、味精、生粉，拌匀备用。

步骤 3　捆酿成型

（1）平行摆放两根韭菜，整齐地将第一层豆芽垂直于韭菜排放，馅料用手捏成橄榄形，放在豆芽中间位置。

（2）在馅料上排放第二层豆芽，用韭菜扎紧两头，切平豆芽尾端。

步骤 4　蒸制成熟

将生坯放入蒸箱中，小火蒸 6 min。蒸制成熟的豆芽酿如图 6-27 所示。

步骤 5　装盘淋汁

将豆芽酿盛出装盘。原汁倒入锅内，加盐、味精调味，勾芡，淋明油后浇淋在豆芽酿上。

图 6-27　蒸制成熟的豆芽酿

四、注意事项

1. 豆芽较细嫩，制作时动作应轻柔，避免折断豆芽。
2. 绿豆芽太过细小，一般选黄豆芽作为酿皮料。

练习题

1. 豆芽酿、菜包酿的制作方法及注意事项是什么？
2. 请描述南瓜花酿的制作方法。
3. 制作竹笋酿应注意哪些事项？
4. 豆腐可以用来制作哪几种酿菜？
5. 糯米肉馅可以用于制作哪几种酿菜？
6. 制作田螺酿要使用哪些原料？

培训任务 7

平乐十八酿的传承与创新创业

学习单元 1

非遗代表性项目平乐十八酿的传承与发展

一、非物质文化遗产介绍

2003 年，联合国教科文组织通过了《保护非物质文化遗产公约》（以下简称《公约》）。2004 年，我国正式加入《公约》。2006 年，国务院下发《国务院关于加强文化遗产保护的通知》，将每年 6 月的第二个星期六设立为我国的"文化遗产日"。同年，我国公布第一批国家级非物质文化遗产名录。2011 年，我国颁布并实施《中华人民共和国非物质文化遗产法》，这意味着非物质文化遗产保护由政府工作上升为国家意志。

非物质文化遗产（以下简称非遗）是指各族人民世代相承的，与群众生活密切相关的各种传统文化表现形式和文化空间。非遗是世界遗产的重要组成部分，它承载着一个国家和民族的历史文化。

1. 非遗的分类

非遗的分类不仅是非遗保护实践工作的基础，也是非遗理论研究的重要内容。依据国家级非物质文化遗产代表性项目名录，非遗分为十大门类，分别为民间文学，传统音乐，传统舞蹈，传统戏剧，曲艺，传统体育、游艺与杂技，传统美术，传统技艺，传统医药，民俗。

目前，我国已建立起国家、省、市、县四级的非遗项目名录体系。

2. 平乐十八酿申遗历程

2013年，"平乐十八酿"入选平乐县级非物质文化遗产代表性项目名录，同年入选桂林市级非物质文化遗产代表性项目名录。2020年，"平乐十八酿饮食习俗"入选广西壮族自治区级非物质文化遗产代表性项目名录。2021年，平乐十八酿传承人黄良平入选自治区级非物质文化遗产代表性项目代表性传承人名单。

在平乐县，平乐十八酿是人们餐桌上不可缺少的美食，也是当地重要的饮食和民俗文化之一。每年11—12月，平乐县都要举办盛大的十八酿美食节活动。

平乐十八酿习俗分布的区域主要在平乐县平乐镇、二塘镇、沙子镇、同安镇及青龙乡等乡镇。平乐十八酿习俗有以下特色。①内容多样性：平乐十八酿菜品繁多。②鲜明民俗性：十八酿美食节活动内容有巡游、舞龙舞狮、酿菜原料农产品展示、文艺表演等，表演队伍服装艳丽、动作规范，具有相当高的艺术性、鲜明的民俗性。③参与广泛性：每逢活动，全县老少齐上阵，表演队伍有上千人，参与群众有数万人，甚至吸引国内外其他地方的民众参加。④独特的地方性：在广西，只有平乐县举行十八酿美食节，具有独特的地方性。⑤积极的价值观：平乐十八酿习俗的传承凸显文化价值，与社会主义核心价值观相契合，对于促进社会和谐发展具有重要的意义。

二、非物质文化遗产的保护政策

2021年，文化和旅游部发布《"十四五"非物质文化遗产保护规划》（简称《规划》）。《规划》明确了"十四五"非物质文化遗产保护的总体任务、要求和措施。广西壮族自治区各部门根据《规划》制定了一系列对非物质文化遗产的保护政策。

1. 明确非物质文化遗产保护发展目标

（1）近期目标。到2025年，非遗代表性项目得到有效保护，工作制度科学规范、运行有效，工作体系更加完善，保护传承体系更加健全，创造创新活力进一步激发，人民群众对非遗的认同感、参与感、获得感明显提高，非遗服务当代、造福人民的作用进一步发挥。

（2）长期目标。到2035年，非遗得到全面有效保护，传承活力明显增强，非遗保护工作制度更加成熟、完善，传承体系更加健全，非遗保护理念进一步深入人心，非遗国际影响力提升，在推动社会经济可持续发展和重大国家战略中的作用更加显著。

2. 明确非物质文化遗产保护主要任务

（1）加强非遗项目保护。2022年以来，广西壮族自治区文化和旅游厅以创新旅游产品为驱动，以宣传为突破口，大力促进非遗与旅游融合发展。一是在"文化和自然遗产日"举办"加强非遗系统性保护、促进可持续发展"主题活动，活动静态展示、动态展演、活态展陈、现场展销广西非遗美食。二是举办"广西美味·百县千菜"非遗特色美食大赛，让广西的非遗美食更好地传承发展。三是推出非遗主题旅游线路，依托当地非遗体验基地、非遗小镇、特色街区、传习中心（所）、工作室、工坊等场所空间，提供更多更好的非遗研学游、体验游等旅游产品，不断推动非物质文化遗产创造性转化，促进当地文化旅游融合发展。

（2）加强非遗传承人认定和管理。2011年，国家颁布了《中华人民共和国非物质文化遗产法》，提出依法认定非物质文化遗产代表性项目代表性传承人，要求县级以上人民政府文化主管部门支持非遗代表性项目的代表性传承人开展传承、传播活动。广西壮族自治区根据《广西壮族自治区非物质文化遗产保护条例》和《广西壮族自治区非物质文化遗产代表性项目代表性传承人认定与管理暂行办法》对传承人进行认定。经过认定后，非遗管理部门将组织各级非遗代表性传承人参加研修培训，采取有效措施提高非遗代表性传承人技能技艺，增强其使命与担当意识，挖掘非遗技艺中的工匠精神，并通过各种媒体进行宣传报道。

（3）推动非遗品牌建设。推动主流媒体加强非遗传播力量，建设非遗传播队伍，培育一批品牌项目，以提高非遗的饱和度、满意度和知名度。2021年，举办"广西有礼——广西非遗手工技艺类、老字号"商品展；2022年，在中国国际进口博览会中，广西展馆以非遗发展为主线，展示广西桂北山水怡情、桂中岭南风味、桂南滨海风情的广西老字号、非遗文化；2023年，广西壮族自治区文化和旅游厅开展非遗进校园展示活动、广西民族志影展——非遗影展活动。通过发挥微博、微信、短视频、直播等新媒体的作用，培育一批非遗项目和传承人的"网红"品牌；推动非遗与旅游融合发展，支持非遗有机融入景区、度假区、旅游休闲街区、特色小镇，鼓励非遗特色景区发展。

三、平乐十八酿技艺的传承与发展

学习平乐十八酿制作技艺，既是提升职业技能以拓展就业的途径，也是传承和发展非遗技艺的重要方式。在技艺方面，应重点学习平乐十八酿的加工技术、制馅技术、酿制技术、烹调技术。在文化方面，应掌握平乐十八酿的民俗、特点、选料知识、制馅知识、酿制知识和烹调方法。在社会服务方面，应了解有关非遗政策，将个人就业和创业梦想与国家需要结合起来，成为一名传承和发展平乐十八酿非遗技艺的优秀人才。

练习题

1. "平乐十八酿饮食习俗"是哪一年入选自治区级非遗名录的?
2. 平乐十八酿习俗具有什么特色?
3. 广西壮族自治区政府对非物质文化遗产有哪些保护政策?

学习单元 2

平乐十八酿的创新

翻开人类的历史，创新贯穿人类活动的始终，包括思想观念、文化知识的更新和科学技术的革新，涉及政治、经济、文化等领域，与人们的日常工作、生活密不可分。创新推动着人类的进步，在人类发展史上有着举足轻重的地位。创新是指人们为了发展的需要，运用已知的信息，不断突破常规，发现或产生某种新颖、独特的有社会价值或个人价值的新事物、新思想的活动。创新是人类的财富，是平乐十八酿发展的原动力，对传承平乐饮食文化、推动平乐十八酿的进步具有重要的意义。

一、平乐十八酿创新的概念

平乐十八酿创新是指从事平乐十八酿制作的人员以平乐饮食文化和地方食材为基础，以安全为前提，以市场为导向，以营养为目的，有目的地创作出色、香、味、形、器、质俱佳的新菜肴的活动。

餐饮企业是平乐十八酿创新的主体，平乐十八酿创新是满足餐饮企业经营需求的研发活动。平乐十八酿创新并不一定是创造出一个全新概念的菜肴，只要与企业原有的菜肴相比较，改进了制作工艺、增添了新特色或是更新了原料，都可以算是创新。

二、平乐十八酿创新的作用

创新是餐饮企业在激烈竞争中生存和发展的必要条件，是餐饮企业企业文化的核心，它对于满足顾客的需求、树立品牌、提高经济效益等具有重要的作用。

1. 满足顾客对平乐十八酿菜肴不断变化的需求

随着城市化进程的加快与物质文化生活水平的不断提高，人们越来越重视饮食活动的附加功能，如使生活更加便利、保健、获得精神享受。外出就餐的人们希望品尝到种类更加丰富、质量更高的菜肴，也更加注重菜肴的营养价值。例如，人们不仅对平乐十八酿菜肴成品的色、香、味、形要求更高，而且更加关注菜肴的营养搭配是否合理，是否绿色健康。因此，餐饮企业在平乐十八酿制作的各个环节进行研发与创新，满足顾客不断变化的需求，对于推动餐饮市场繁荣发展起着举足轻重的作用。

2. 提高餐饮企业竞争力，树立平乐十八酿餐饮企业品牌

近年来，餐饮市场竞争日益激烈，平乐十八酿餐饮企业要想在激烈的竞争中立足、发展，就必须凸显自己的竞争优势，提高企业的竞争能力。建立平乐十八酿餐饮企业竞争优势的方式有许多，创新菜肴就是其中之一。通过求变求新，平乐十八酿餐饮企业可以率先生产出具有独特风格的新菜肴，并在一段时期内保持这种独特性和领先性，树立企业品牌，在市场竞争中获得优势。

3. 增加平乐十八酿餐饮企业经营效益

创新可以提升产品价值。一家平乐十八酿餐饮企业在市场上推出一种新菜肴后，在其他企业还未来得及模仿之前，该餐饮企业可凭借这种菜品的稀有性制定稍高于传统菜品的价格，取得较高的经济效益。新菜品的独特性也会吸引更多的顾客到店就餐，从而带动店内其他餐饮产品和服务的销售，提高该餐饮企业的总体效益。

4. 促进平乐地方风味菜肴的发展

创新能够增加产品的生命力。平乐十八酿菜肴的创新，既包括对传统菜品的改进、创造新的菜品，也包括引入其他菜系或其他国家的菜品并加以改良，形成具有平乐地方风味的新菜品。在创新过程中，还能加强当地餐饮企业之间的交流，不同企业可以在菜肴风味、口感、造型、工艺流程及加工技术等方面互相学习，从而促进平乐地方风味菜肴的发展。

三、平乐十八酿创新的原则

1. 安全营养原则

安全营养是平乐十八酿创新的前提。近年来，少数从业人员为了使菜肴颜色漂亮、滋味浓郁，添加了不符合食品安全卫生要求的物质，这样创作出的菜肴严重危害人们的健康，长期食用还将影响生命安危。平乐十八酿创新在原料选择、加工、烹制环节中都要确保安全营养。

2. 市场导向原则

市场导向原则是指根据餐饮市场需求的变化趋势分析菜肴创新方向。市场需求具有季节性、追随性、规避性。餐饮企业还应了解区域人群的饮食习俗，平乐十八酿的创新顺应人们的地方饮食习俗。此外，应分析顾客定位，针对细分顾客的需求进行创新。几乎没有一家餐饮企业的菜肴能够满足所有顾客的需要，抓好细分顾客群体更有利于餐饮企业的经营。

3. 经济效益原则

菜肴创新与企业追求利益最大化目标相一致，菜肴创新的最终目的是获得最佳的经济效益。因此，平乐十八酿创新不应只考虑菜肴研发、制作的费用，还要考虑预期的利润。

4. 独特性原则

特色菜肴是餐饮企业招揽顾客的"招牌"。菜肴创新讲究采用新材料、新工艺、新方法，同时力争选料、制作水平高于同类企业。

四、平乐十八酿创新的方法

1. 组合法

组合法是指将两种或两种以上的工艺、技术、产品或产品的一部分进行适当叠加和组合，形成新菜肴的创新方法。组合法是一种非常普遍的创新方法。

2. 移植法

移植法是指把其他的概念、原理和方法运用于平乐十八酿菜肴创新的创新方法。移植法既可以是将另一个地区的菜肴制作方法用于平乐十八酿的创新，也可以是将糕点制作等其他类别食品加工的方法用于平乐十八酿的创新。

3. 替代法

替代法是指在基本保留原有烹调工艺的基础上，用新的调料或原料替代原有的调料或原料的创新方法。替代法也是平乐十八酿制作人员常用的创新方法。原料和调料变换后，菜肴的口感、造型呈现出新的特色。这一创新方法简单易行。

4. 优化法

优化法是指对原有菜肴的选料、加工标准、工艺流程、加工速度、颜色、口感等进行提升的创新方法。优化法能够将原有菜肴推向更高层次。

五、平乐十八酿创新的程序

平乐十八酿创新程序是指在餐饮企业自身发展需求和市场需求的推动下，餐饮企业将对菜肴的新设想通过研发和生产演变成为具有商品价值的新菜品的过程。餐饮企业要立足自身技术，捕捉顾客的需求，探索新菜品开发的可能性，并把这种可能性变为现实。具体的创新程序如下。

1. 新菜品设计

设计是菜品创新的第一步。餐饮企业应充分考虑企业自身条件、顾客需求、竞争对手动向等，有针对性地提出研发新菜品的设想。设计新菜品应兼顾创新性、顾客的反应、市场定位，体现出菜品与竞争品牌产品之间的差异性。具体来讲，设计时要考虑菜品的特点、生产工艺、配方等内容。有关统计资料表明，产品的成功与否、质量好坏，60%～70%取决于产品的设计工作。因此，菜品设计在平乐十八酿创新程序中占有十分重要的地位。

2. 新菜品试制

新菜品设计完成后就可以进行菜品试制。所谓试制，就是指平乐十八酿制作人员根据设计采用新的原料或烹饪方法，尝试制作在外观、口感等方面有所突破的新菜品。试制阶段是平乐十八酿创新的主体阶段，是能否推出新菜品的关键时期。

3. 新菜品试推

新菜品试制成功以后，需要投入市场，及时了解顾客的反应。试推就是将研发的新菜品投入餐厅进行销售，将市场反馈信息提供给制作者参考、分析，以不断完善菜品。试推反馈良好的菜品，就可以正式生产和投入市场。

六、平乐十八酿创新体系建立

为了激发员工的工作积极性，适应市场对菜肴的新要求，保证餐饮企业旺盛的生命力，餐饮企业需要建立菜肴创新体系，具体包括以下内容。

1. 菜肴创新激励制度。
2. 菜肴创新考核细则。
3. 创新菜肴质量控制制度。
4. 菜肴创新方法和程序。
5. 菜肴创新各制度落实与计划调整的管理程序。

相关制度要严谨、规范，创新体系建立后要抓好落实，在餐饮企业内形成符合现代经营理念、客源定位的菜肴创新营运模式。

练习题

1. 什么是平乐十八酿创新？创新有何作用？
2. 平乐十八酿创新的原则和方法有哪些？
3. 请用表格形式列出平乐十八酿创新的程序。
4. 平乐十八酿创新体系包含哪些内容？

学习单元 3

平乐十八酿餐饮企业的创业

创业不仅有利于实现劳动者的个人价值,而且有利于为社会创造更多的就业岗位。

一、市场调研内容

创业前需要了解开店所在区域的市场情况,了解区域内顾客的情况,弄清顾客是谁,他们在哪里,有多少,有什么需求。因此,有必要进行以下调研。

1. 目标顾客组成

(1)区域周边居民。
(2)企事业单位及机关工作人员。
(3)院校学生。
(4)到本区域购物的人员。
(5)到本区域办事、旅游的人员。

2. 市场容量

(1)区域内有哪些小区,有多少居民。
(2)区域内有哪些企事业单位和政府机关,工作人员有多少,工作人员的职业特点和作息时间如何。

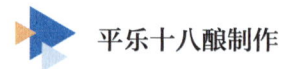

（3）区域内有多少所院校，在校学生有多少，学生管理模式如何。

（4）区域内有哪些商场，人流量如何。

（5）区域内有多少家宾馆，规模多大，有多少外来人员入住。

（6）以上人群大概有多少人喜欢酿菜这种餐饮形式。

3. 区域内平乐十八酿餐饮企业情况

（1）区域内平乐十八酿餐饮企业的数量有多少，规模多大，目标顾客是谁，分布情况如何。

（2）区域内平乐十八酿餐饮企业主要有哪些产品或服务，价格如何。

（3）区域内平乐十八酿餐饮企业每天销售量多少。

（4）区域内平乐十八酿餐饮企业都各有什么销售形式或服务特色。

（5）区域内平乐十八酿餐饮企业的营业时间。

（6）区域内平乐十八酿餐饮企业的技术水平。

（7）区域内平乐十八酿餐饮企业的员工素质。

（8）区域内平乐十八酿餐饮企业的顾客口碑。

4. 顾客需求

（1）顾客通常喜欢什么口味。

（2）不同的群体通常在什么时间段光顾平乐十八酿餐饮企业。

（3）早、中、晚餐及夜宵时段的顾客数量。

（4）打包带走或点外卖的顾客占比是多少。

（5）不同的顾客群体有什么特别的需要。

（6）顾客希望平乐十八酿餐饮企业提供什么服务。

二、市场调研方法

1. 实地观察法

选择工作日、休息日的不同时间段，到各平乐十八酿餐饮企业实地观察顾客的消费情况，做好记录，以便分析统计。

2. 访谈法

与小区居民等目标顾客进行交流，了解他们的消费习惯及消费时间，同时了解顾客对平乐十八酿餐饮企业的需求。

3. 网络调查法

通过外卖平台了解区域内平乐十八酿餐饮企业每天的销售量，查看顾客的评价。

通过以上调查，大致估算出区域内平乐十八酿餐饮市场容量有多大，如果在该区域开店，根据个人的资金状况和经营管理能力，预计能占有多大市场份额。

三、市场营销方案制定

根据了解到的市场信息，把顾客需求放在首位，制定市场营销方案。

1. 产品决策

为提供个性化服务吸引顾客，满足顾客需求，必须做好产品决策。

（1）突出产品特色，根据不同顾客的需要，加工不同品种的酿菜，做到品种多样化。

（2）精心选择原料，确保产品质量。

（3）根据顾客需求，提供多种配菜，免费提供多种配料、饮品。

（4）提供酿菜工作餐，开通外卖服务，送货上门，满足顾客需求。

（5）从店面装修、服务内容、服务质量、卫生状况、服务态度方面着手，建立好的口碑。

2. 价格策略

（1）在保证产品和服务质量的前提下，控制好成本，保证利润空间。

（2）在参照同类产品市场价格的情况下，给顾客提供更多的便利和服务，以及良好的就餐环境，争取更大的竞争优势。

（3）确定产品价格时要综合考虑节假日、旅游淡旺季等因素。

3. 选址

为开店选址时要考虑的因素如下。

（1）辐射范围、人口密度、消费水平。

（2）店面位置是否有良好的可视性。

（3）客流量是否相对集中。

（4）能否依托竞争形成"集约效应"。

（5）交通是否通畅，停车是否方便。

（6）通风条件如何，是否符合环保要求，是否达到"三废"排放标准。

4. 促销方法

（1）分发宣传品或在店面张贴广告。

（2）利用微信、短视频平台等新媒体发布产品、店铺信息。

（3）免费赠送配菜、饮品等。

（4）在外卖平台采取团购、会员打折、多产品组合销售等方式进行推广。

四、销售收入预测

根据市场容量、同类企业的数量、服务水平、季节、营业时间段、节假日等因素预测各月的销售量。

1. 列出产品清单。

2. 为每项产品制定价格。

3. 预测每个月的产品销售量，数据来自市场调研。

4. 计算该项产品的月销售收入，公式如下：

$$销售收入 = 单价 \times 销售量$$

销售收入预测表见表7-1。

表7-1　销售收入预测表

产品	项目	1月	2月	3月	4月	5月	6月	7月	8月	9月	10月	11月	12月	合计
（一）	销售量（份）													
	单价（元）													—
	销售收入（元）													
（二）	销售量（份）													
	单价（元）													—
	销售收入（元）													

续表

产品	项目	1月	2月	3月	4月	5月	6月	7月	8月	9月	10月	11月	12月	合计
（三）	销售量（份）													
	单价（元）													—
	销售收入（元）													
……	……													
销售收入合计（元）														

根据预测，可大致确定平乐十八酿餐饮企业的规模。预测时不要过于乐观，要留有余地。

五、启动资金预测

开店前，要根据店面规模计算启动资金，对开店所需要的资金有大致的了解。启动资金用来购买开店必需的物资和支付必要的费用。启动资金分为固定投资和流动资金两类。

1. 固定投资

（1）固定投资内容

1）锅碗瓢盆、刀具、砧板、碗柜、货架等物品。

2）空调、风扇、冰箱（柜）、消毒柜等电器。

3）桌椅等大堂家具。

4）收银机、监控设备等电子设备。

5）用于经营的交通工具。

6）市场调查、咨询、培训、工作服定做等费用。

7）加盟费、转让费、装修费、外卖平台注册及管理费用。

（2）固定投资计算。把固定投资分类，并按类列表，测算每类投资的数量和金额，计算出总金额。固定投资分类计算表见表7-2。

表 7-2　　　　　　　　　　　固定投资分类计算表

序号	内容	价格	数量	金额
合计				

2. 流动资金

测算平乐十八酿餐饮企业正常运转日常所需要支出的资金，按月计算，包括原料费用、商品库存和包装费用、保管费、运输费、广告宣传费、工资、房租、保险费、水电费、通信费、交通费、促销费、其他费用。

另外，要预估平乐十八酿餐饮企业流动资金的持续投入期，至少要准备平乐十八酿餐饮企业开办初期所需的流动资金，以保持一定量的资金储备，以备不时之需。

六、财务计划制订

为了掌握平乐十八酿餐饮企业实际运转的情况，必须估算出平乐十八酿餐饮企业能否盈利。

1. 成本核算

（1）平乐十八酿餐饮企业的经营成本构成

1）变动成本。变动成本是随着销售的变化而变化的成本，包括原料、燃料、辅助材料（一次性碗筷、包装盒）等的费用。

2）固定成本。固定成本是相对不随销售的变化而变化的成本，包括开办费、房租、工资、通信费、保险费、水电费、固定资产折旧、其他投资摊销、广告宣传费、损耗费、运输费、其他费用。

（2）经营成本计算

1）变动成本根据每月销售量测算。

2）固定成本按月计算。固定资产折旧、开办费、其他投资摊销按月计入固定成本。

3）每月经营成本为月变动成本与月固定成本之和。

2. 利润估算

按月估算利润,可大致了解平乐十八酿餐饮企业能不能挣钱,能挣多少钱。

计算公式:

$$利润 = 销售收入 - 经营成本$$

根据预测的销售收入和经营成本列出利润估算表(见表7-3),可以帮助经营者分析平乐十八酿餐饮企业是否有利润。

表7-3　　　　　　　　　　　利润估算表　　　　　　　　　　单位:元

项目		1月	2月	3月	4月	5月	……	12月	合计
销售收入									
经营成本	原材料费用								
	房租								
	水电费								
	工资								
	促销费								
	保险费								
	……								
	总成本								
利润									

列表估算利润非常重要。如果估算结果为盈利,可以考虑开店;如果估算结果为亏损,需要及时弄明白哪个环节出了问题,调整后重新制订计划,如果经过调整,估算结果仍为亏损,建议暂缓开店。

创业是个系统工程,需要详细周密的计划。以上是开店前最基本的策划方法,目的是使创业者在开店时少走弯路,减小失败的概率。开办和经营一家平乐十八酿餐饮企业还需要进一步学习相关知识和技能。

练习题

1. 平乐十八酿餐饮企业创业应如何进行市场调研?
2. 市场营销方案包括哪些内容?
3. 应如何进行财务计划的制订?

附录1 平乐十八酿制作专项职业能力考核规范

一、定义

平乐十八酿制作是指运用设备、用具，在厨房将烹饪原料加工成各种酿皮和馅料，运用包酿、盖酿、填酿、夹酿、塞酿等技法制作出生坯后烹制成为具有平乐特色的菜肴。

二、适用对象

运用或准备运用本项能力求职、就业的人员。

三、能力标准与鉴定内容

能力名称：平乐十八酿制作　　　　　　　　　　　　　　职业领域：中式烹调师

工作任务	操作规范	相关知识	考核比重
（一）准备工作	1. 按职业标准规范仪容仪表 2. 能根据卫生要求做好个人与环境卫生 3. 能按照食品安全操作要求保存原料 4. 能按照操作规程使用各种厨房设备和用具	1. 职业素养知识 2. 卫生知识 3. 原料保存知识 4. 物品使用与存放知识 5. 安全操作知识	10%
（二）原料加工	1. 能按加工标准对各种原料进行初加工 2. 能按要求将各种酿菜原料切割成型	1. 原料初加工知识 2. 原料切割成型知识	15%
（三）馅料制作	1. 能根据需要对馅料进行调味 2. 能根据需要调制不同质感的馅料	1. 调味知识 2. 馅料调制知识	20%
（四）酿制成型	1. 能根据需要使用不同技法酿制各种原料，成型精致、美观 2. 能根据营养、质地、风味等要素科学合理搭配酿皮与馅料	1. 酿制成型知识 2. 配菜知识	20%
（五）烹制成菜	1. 能按照要求选择适宜的烹调方法 2. 操作过程符合食品安全操作要求 3. 装盘成型美观	1. 烹调知识 2. 食品安全操作知识 3. 装盘知识	25%

续表

工作任务	操作规范	相关知识	考核比重
（六）收尾工作	1. 能按要求将考核区剩余的原料、餐具及用具等进行归类保存 2. 能按要求做好考核区的清洁卫生工作 3. 能按要求关闭考核区水、电、气等能源开关 4. 能做好设备的保养工作	1. 物品保存知识 2. 厨房卫生知识 3. 厨房设备保养知识	10%

四、鉴定要求

（一）申报条件

达到法定劳动年龄，具有相应技能的劳动者均可申报。

（二）考评员构成

考评员应具备中式烹调专业知识和操作经验，以及平乐十八酿制作专业知识和操作经验，每个考评组中不少于 3 名考评员。

（三）鉴定方式与鉴定时间

鉴定方式为技能操作考核，实行百分制，成绩达 60 分（含）以上为合格。鉴定时间为 60 min。

（四）鉴定场地与设备要求

设备、用具等满足鉴定需要，场地与设备符合安全要求。

附录2　平乐十八酿制作专项职业能力培训课程规范

培训任务	学习单元	培训重点和难点	参考学时
（一）基础理论	1. 平乐十八酿概述	重点：平乐十八酿的特点 难点：平乐十八酿的种类	1
	2. 职业要求	重点：仪容仪表规范 难点：职业道德要求	
	3. 专业基础知识	重点：餐饮卫生知识、营养知识 难点：原料成本核算知识	
（二）原料加工	1. 酿菜原料介绍	重点：酿菜原料的分类 难点：酿菜原料的代表品种	1
	2. 酿菜原料加工	重点：酿菜原料的初加工 难点：酿菜制作常用的刀法	
（三）馅料制作	1. 馅料调味	重点：调味的原则 难点：调味的方法	1
	2. 馅料制作技术	重点：馅料的作用 难点：馅料的制作方法	
（四）酿制技法	—	重点：包酿、捆酿、盖酿、填酿、夹酿、塞酿的注意事项 难点：包酿、捆酿、盖酿、填酿、夹酿、塞酿所适用的酿菜品种	1
（五）烹调方法	1. 烹调基础知识	重点：酿菜烹制的火候 难点：各种火候所适用的酿菜品种	1
	2. 油烹法	重点：炸、煎的工艺流程和操作要领 难点：油温、锅温的判断	
	3. 水烹法	重点：灼、煮、焖、烧的工艺流程 难点：灼、煮、焖、烧的操作要领	
	4. 气烹法和其他特殊烹调方法	重点：蒸、扣、微波的工艺流程 难点：蒸、扣、微波的操作要领	
	5. 酿菜装盘与装饰	重点：酿菜的装盘方法 难点：酿菜的装饰方法	
（六）平乐十八酿经典菜品制作	—	重点：平乐十八酿经典菜品制作的工艺流程和操作步骤 难点：平乐十八酿经典菜品制作的注意事项	15

附录2 平乐十八酿制作专项职业能力培训课程规范

续表

培训任务	学习单元	培训重点和难点	参考学时
（七）平乐十八酿的传承与创新创业	1. 非遗代表性项目平乐十八酿的传承与发展	重点：平乐十八酿申遗历程 难点：非物质文化遗产的保护政策	1
	2. 平乐十八酿的创新	重点：平乐十八酿创新的作用、原则 难点：平乐十八酿创新的方法	
	3. 平乐十八酿餐饮企业的创业	重点：市场调研、市场营销方案制定 难点：销售收入预测、启动资金预测、财务计划制订	

注：参考学时是培训机构开展的理论教学及实操教学的建议学时数，包括岗位实习、现场观摩、自学自练等环节的学时数。